もくじ

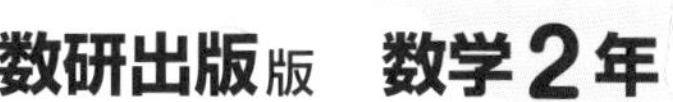

テストの範囲や学習予定日をかこう！

学習計画	
出題範囲	学習予定日
5/14	5/10
テストの日	5/11

教科書 p.16〜p.27

1章 式の計算

1 式の計算 (1)

テストに出る! 教科書のココが要点

さらっとまとめ (赤シートを使って，□に入るものを考えよう。)

1 単項式と多項式 教 p.16〜p.18

・数や文字をかけ合わせただけの式を 単項式 という。 例 $3ab$，$-4x^2$

・単項式の和の形で表される式を 多項式 といい，
その１つ１つの単項式を，多項式の 項 という。
特に，数だけの項を 定数項 という。 例 $5x+2$，$3a^2+7ab+1$

・単項式において，かけ合わされている文字の個数を，その単項式の 次数 という。

・多項式では，各項の次数のうち，もっとも大きいものを，その多項式の 次数 という。

2 多項式の計算 教 p.19〜p.20

・文字の部分が同じである項を 同類項 という。 例 $4x+6y+(-3x)+2y$（$4x$ と $-3x$ が同類項，$6y$ と $2y$ が同類項）

3 単項式の乗法，除法 教 p.24〜p.26

・単項式どうしの乗法は，それぞれの単項式の 係数 の積に，文字の積をかける。

・単項式どうしの除法は， 分数 の形にして計算するか， 乗法 になおして計算する。

スピード確認 (□に入るものを答えよう。答えは，下にあります。)

1

□ $5x^2-3y-2$ の項は ① である。
★単項式の和の形 $5x^2+(-3y)+(-2)$ で表してみる。

□ $-7x^3y$ の次数は ② である。
★$-7x^3y=-7\times x\times x\times x\times y$ → 文字が 4 つかけ合わされている。

□ $\underset{\text{次数3}}{\underline{2ab^2}}\ \underset{\text{次数2}}{\underline{-5a^2}}\ \underset{\text{次数1}}{\underline{+4b}}$ は ③ 次式である。
★もっとも大きい 3 が多項式の次数

2

□ $3x+5y-x+4y=$ ④ $x+$ ⑤ y
★同類項は，分配法則の式を使って 1 つの項にまとめる。

□ $(3a+b)-(a-4b)=3a+b-a$ ⑥ $4b=$ ⑦
★ひく式の各項の符号を変える。

□ $3(2x-y)-2(x-3y)=6x-3y-2x$ ⑧ $6y=$ ⑨

3

□ $7a\times(-3b)=7\times(-3)\times a\times b=$ ⑩

□ $24xy\div(-8x)=-\dfrac{24xy}{8x}=-\dfrac{\overset{3}{\cancel{24}}\times\overset{1}{\cancel{x}}\times y}{\underset{1}{\cancel{8}}\times\underset{1}{\cancel{x}}}=$ ⑪
★分数の形に表して，約分する。

①
②
③
④
⑤
⑥
⑦
⑧
⑨
⑩
⑪

答 ①$5x^2$，$-3y$，-2 ②4 ③3 ④2 ⑤9 ⑥＋ ⑦$2a+5b$ ⑧＋ ⑨$4x+3y$ ⑩$-21ab$ ⑪$-3y$

基礎力UP テスト対策問題

1 単項式と多項式　次の問いに答えなさい。

(1)　単項式 $-5ab^2$ の次数を答えなさい。

(2)　多項式 $4x-3y^2+5$ の項を答えなさい。また，何次式か答えなさい。

2 多項式の加法と減法　次の計算をしなさい。

(1)　$5x+4y-2x+6y$　　(2)　$(7x+2y)+(x-9y)$

(3)　$(5x-7y)-(3x-4y)$　　(4)　$5(2x-3y+6)$

(5)　$4(2x+y)+2(x-3y)$　　(6)　$5(2x-y)-2(x-4y)$

3 単項式の乗法，除法　次の計算をしなさい。

(1)　$3x\times 2xy$　　(2)　$(-4ab)\times 3c$

(3)　$-8x^2\times(-4y^2)$　　(4)　$36x^2y\div 4xy$

(5)　$12ab^2\div(-6ab)$　　(6)　$(-9ab^2)\div 3b$

テスト対策ナビ

絶対に覚える！

係数

$-5\times a\times b\times b$

文字の数 3 つ

➡次数 3

ミス注意！

かっこをはずすときは，符号の変化に注意する。

$(5x-7y)-(3x-4y)$

$=5x-7y-3x+4y$

符号が変わる

3 (1)　$3x\times 2xy$

$=3\times 2\times x\times x\times y$

係数の積　文字の積

(4)　$36x^2y\div 4xy$

$=\dfrac{36x^2y}{4xy}$

$=\dfrac{\overset{9}{36}\times \overset{1}{x}\times x\times \overset{1}{y}}{\underset{1}{4}\times \underset{1}{x}\times \underset{1}{y}}$

同じ文字は，数と同じように約分ができるね。

解答 p.1

テストに出る！

予想問題 ①

1章 式の計算
1 式の計算 (1)

20分

/16問中

1 多項式の項と次数　次の多項式の項を答えなさい。また，何次式か答えなさい。

(1) $x^2y+xy-3x+2$　　(2) $-s^2t^2+st+8$

2 よく出る　多項式の加法と減法　次の計算をしなさい。

(1) $7x^2-4x-3x^2+2x$　　(2) $8ab-2a-ab+2a$

(3) $(5a+3b)+(2a-7b)$　　(4) $(a^2-4a+3)-(a^2+2-a)$

(5)
$$\begin{array}{rr} & 3a+\ b \\ +) & a-2b \\ \hline \end{array}$$

(6)
$$\begin{array}{rr} & 5x-2y-3 \\ -) & x+3y-8 \\ \hline \end{array}$$

3 多項式と数の乗法，除法　次の計算をしなさい。

(1) $5(-3a-b+2)$　　(2) $(-6x-3y+15)\times\left(-\frac{1}{3}\right)$

(3) $(-6x+10y)\div2$　　(4) $(32a-24b+8)\div(-4)$

4 分数をふくむ式の計算　次の計算をしなさい。

(1) $\frac{x+2y}{3}+\frac{3x-y}{4}$　　(2) $\frac{3a+b}{5}-\frac{4a+3b}{10}$

(3) $\frac{2a-3b}{2}-\frac{5a-b}{3}$　　(4) $x-y-\frac{3x-2y}{7}$

3 多項式と数の除法は，乗法になおして計算する。
4 分数をふくむ式の加法，減法は，通分して 1 つの分数にまとめて計算する。

解答 p.2

テストに出る！

予想問題 ❷ 1章 式の計算 1 式の計算 (1)

20分

/14問中

1 単項式どうしの乗法 次の計算をしなさい。

(1) $4x\times 3y$

(2) $-\frac{1}{4}m\times 12n$

(3) $5x\times(-x^2)$

(4) $-2a\times(-b)^2$

2 単項式どうしの除法 次の計算をしなさい。

(1) $8bc\div 2c$

(2) $3a^2b^3\div 15ab$

(3) $(-9xy^2)\div\frac{1}{3}xy$

(4) $\left(-\frac{ab^2}{2}\right)\div\frac{1}{4}a^2b$

3 よく出る 乗法と除法の混じった計算 次の計算をしなさい。

(1) $x^3\times y^2\div xy$

(2) $ab\div 2b^2\times 4ab^2$

(3) $a^3b\times a\div(-3b)$

(4) $(-12x)\div(-2x)^2\div(-3x)$

(5) $12x^2y\div(-3xy)\times 4xy^2$

(6) $(-4x)^2\div\frac{2}{3}xy\div\frac{3}{4}y$

3 乗法と除法の混じった計算は，先に係数の符号を決めるとよい。

1 式の計算(2)　2 文字式の利用

テストに出る！ 教科書のココが要点

さらっとまとめ (赤シートを使って，□に入るものを考えよう。)

1 式の値 教 p.28

・式の値を求めるときは，式を 簡単 にしてから代入すると，計算がしやすくなる。

2 文字式の利用 教 p.30～p.34

・m を整数として，偶数を $2m$ と表すことができる。

・n を整数として，奇数を $2n+1$ と表すことができる。

・連続する3つの整数のうち，もっとも小さい整数を n とすると，連続する3つの整数は n，$n+1$，$n+2$ と表すことができる。

・2けたの自然数は，十の位の数を a，一の位の数を b とすると，$10a+b$ と表される。

3 等式の変形 教 p.35～p.36

・等式を変形して $y=$■ の形の等式を導くことを，y について解く という。

例 $5x+y=6$ を y について解くと，$y=6-5x$

スピード確認 (□に入るものを答えよう。答えは，下にあります。)

1

□ $x=2$，$y=1$ のとき，$2(3x+y)-3(x-y)$ の値を求めなさい。

$2(3x+y)-3(x-y)=6x+2y-3x+3y$

$=$ ① $x+$ ② y

これに $x=2$，$y=1$ を代入すると，

① $x+$ ② $y=$ ① $\times2+$ ② $\times1=$ ③

2

□ 連続する3つの整数の和が3の倍数になることを，もっとも大きい整数を n として説明しなさい。

連続する3つの整数は $n-2$，$n-1$，n と表されるから，これらの和は $(n-2)+(n-1)+n=3n-3=$ ④

★3×(整数) の形

$n-1$ は整数なので，④ は3の倍数である。

よって，連続する3つの整数の和は3の倍数になる。

3

□ 等式 $x+2y=8$ を y について解くと，$y=\dfrac{⑤+8}{2}$

★$y=-\dfrac{x}{2}+4$ と答えてもよい。

□ 等式 $3ab=7$ を b について解くと，$b=\dfrac{7}{⑥}$

①＿＿＿＿
②＿＿＿＿
③＿＿＿＿
④＿＿＿＿
⑤＿＿＿＿
⑥＿＿＿＿

3は等式の性質を使って解こう。

答 ①3　②5　③11　④$3(n-1)$　⑤$-x$　⑥$3a$

解答 p.2

基礎力UP テスト対策問題

1 式の値　$a=-2$，$b=3$ のとき，次の式の値を求めなさい。

(1)　$2(a+2b)-(3a+b)$

(2)　$14ab^2\div 7b$

2 文字式の利用　n を整数とするとき，(1)，(2)の整数を表す式を㋐〜㋗の中から，すべて選びなさい。

(1)　5の倍数　　　(2)　9の倍数

㋐　$5n+1$	㋑　$5n$	㋒　$5(n+1)$	㋓　$\dfrac{n}{5}$
㋔　$9n-1$	㋕　$9(n-1)$	㋖　$9n$	㋗　$\dfrac{1}{9}n$

3 文字式の利用　十の位の数が x，一の位の数が y の2けたの自然数があります。この2けたの自然数と，その自然数の一の位の数と十の位の数を入れかえてできる数との和を x，y を使って，表しなさい。

4 等式の変形　次の等式を〔　〕内の文字について解きなさい。

(1)　$x+3=2y$　〔x〕　　(2)　$\dfrac{1}{2}x=y+3$　〔x〕

(3)　$5x+10y=20$　〔x〕　　(4)　$7x-6y=11$　〔y〕

テスト対策ナビ

絶対に覚える!

式の値を求めるときは，式を簡単にしてから代入するとよい。

2 (1)　5×(整数)

(2)　9×(整数)

の形になっているものを選ぶ。

n が整数なら，$n+1$ や $n-1$ も整数だね。

3 ・もとの自然数

$10x+y$

・入れかえた自然数

$10y+x$

思い出そう!

等式の性質

$A=B$ ならば

1　$A+C=B+C$

2　$A-C=B-C$

3　$AC=BC$

4　$\dfrac{A}{C}=\dfrac{B}{C}$　$(C\neq 0)$

5　$B=A$

テストに出る！

予想問題 ①　1章 式の計算　1 式の計算 (2)　2 文字式の利用

20分　/7問中

1 よく出る　式の値　次の問いに答えなさい。

(1)　$a=-2$，$b=3$ のとき，次の式の値を求めなさい。

①　$4(3a-2b)-3(5a-3b)$　　②　$4(2a+3b)-5(2a-b)$

(2)　$x=-3$，$y=\frac{1}{4}$ のとき，次の式の値を求めなさい。

①　$12x^2y\div 2xy$　　②　$8x^3y^2\div(-2x^2y)$

2 文字式の利用　偶数から奇数をひいた差は，いつでも奇数になります。このことを，次のように説明しました。空らんをうめて，説明を完成させなさい。

〔説明〕　m，n を整数として，偶数を $2m$，奇数を $2n+1$ と表すと，

偶数から奇数をひいた差は

$2m-(2n+1)=2m-2n-1=2(m-n)-$ ①

$2(m-n)$ は ② だから，$2(m-n)-$ ① は ③ である。

よって，偶数から奇数をひいた差は，奇数である。

3 よく出る　文字式の利用　連続する 5 つの整数の和は，5 の倍数になります。このことを，中央の整数を n として説明しなさい。

4 文字式の利用　2 けたの自然数から，その自然数の一の位の数と十の位の数を入れかえた数をひいた差は，9 の倍数になります。このことを，文字を使って説明しなさい。

1 負の数を代入するときは，(　) をつける。

2 奇数になることを説明するために，差が「(偶数) -1」の形で表されることを示す。

解答 p.3

テストに出る！

予想問題 ❷ 1章 式の計算 2 文字式の利用

20分

/9問中

1 文字式の利用　右の図で，点Pは線分AB上の点です。このとき，AP，PBをそれぞれ直径とする2つの半円の弧の長さの和は，ABを直径とする半円の弧の長さと等しくなることを，文字式を使って説明しなさい。

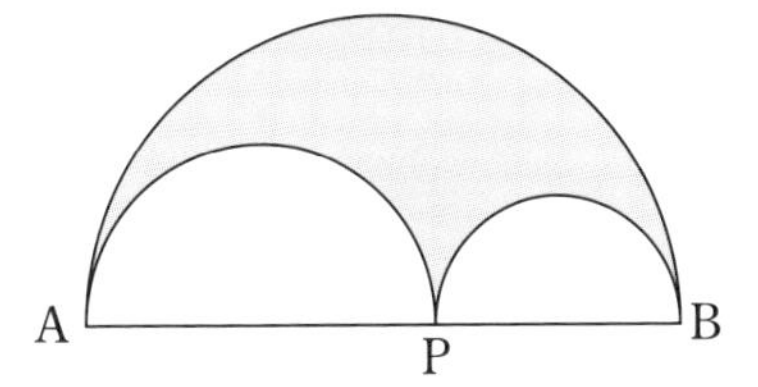

2 よく出る　等式の変形　次の等式を〔　〕内の文字について解きなさい。

(1) $5x+3y=4$ 〔y〕

(2) $4a-3b-12=0$ 〔a〕

(3) $\frac{1}{3}xy=\frac{1}{2}$ 〔y〕

(4) $\frac{1}{12}x+y=\frac{1}{4}$ 〔x〕

(5) $3a-5b=9$ 〔b〕

(6) $c=ay+b$ 〔y〕

3 等式の変形　次の等式を〔　〕内の文字について解きなさい。

(1) $S=ab$ 〔b〕

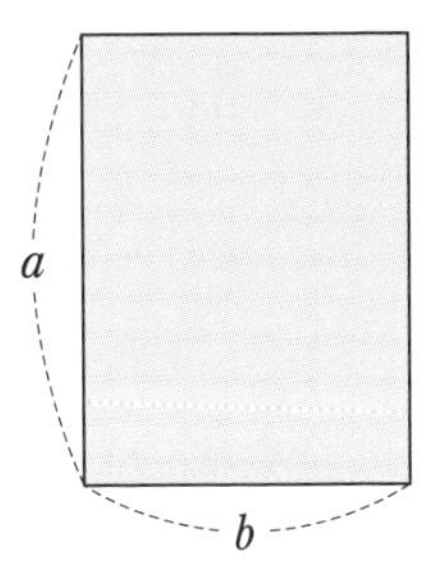

(2) $V=\pi a^2b$ 〔b〕

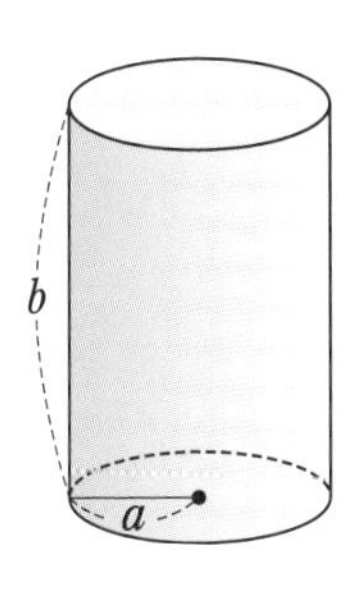

2 (3) まず，両辺に6をかけて分母をはらうとよい。
(6) yをふくむ項は右辺にあるので，両辺を入れかえてから変形するとよい。

テストに出る！

章末予想問題 1章 式の計算

30分

/100点

1 次の式の項を答えなさい。また，何次式か答えなさい。 4点×2〔8点〕

(1) $2x^2+3xy+9$

(2) $-2a^2b+\frac{1}{3}ab^2-4a$

2 次の計算をしなさい。 5点×8〔40点〕

(1) $7x^2+3x-2x^2-4x$

(2) $8(a-2b)-3(b-2a)$

(3) $-\frac{3}{4}(-8ab+4a^2)$

(4) $(9x^2-6y)\div\left(-\frac{3}{2}\right)$

(5) $\frac{3a-2b}{4}-\frac{a-b}{3}$

(6) $(-3x)^2\times\frac{1}{9}xy^2$

(7) $(-4ab^2)\div\frac{2}{3}ab$

(8) $4xy^2\div(-12x^2y)\times(-3xy)^2$

3 $x=2$，$y=-\frac{1}{3}$ のとき，次の式の値を求めなさい。 5点×3〔15点〕

(1) $(3x+2y)-(x-y)$

(2) $12x^2y\div4x$

(3) $18x^3y\div(-6xy)\times2y$

4 差がつく m を整数とすると，連続する3つの奇数は $2m+1$，$2m+3$，$2m+5$ と表されます。このことを使って，連続する3つの奇数の和は3の倍数になることを，文字を使って説明しなさい。 〔7点〕

解答 p.3

満点ゲット作戦

除法は分数の形に，乗除の混じった計算は乗法だけになおして計算する。例 $3a\div\frac{1}{6}b\times2a=3a\times\frac{6}{b}\times2a$

5 次の等式を〔　〕内の文字について解きなさい。　5点×6〔30点〕

(1) $3x+2y=7$　〔y〕

(2) $V=abc$　〔a〕

(3) $y=4x-3$　〔x〕

(4) $2a-b=c$　〔b〕

(5) $V=\frac{1}{3}\pi r^2h$　〔h〕

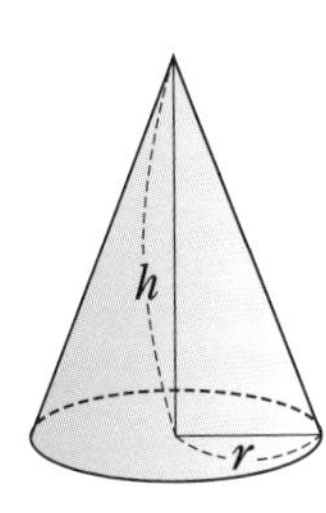

(6) $S=\frac{1}{2}(a+b)h$　〔a〕

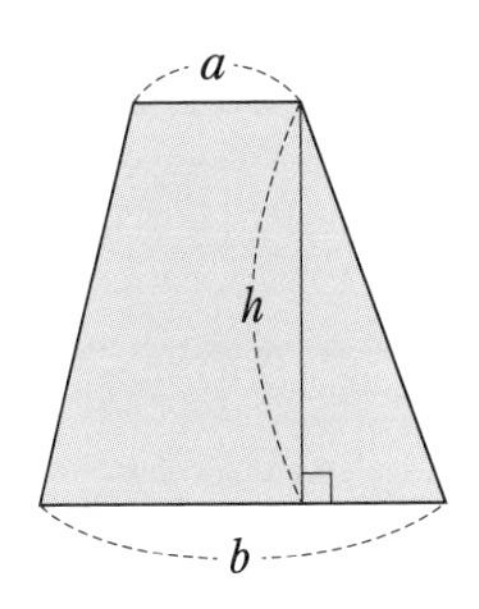

1	(1) 項	次式	(2) 項	次式

2	(1)	(2)	(3)
	(4)	(5)	(6)
	(7)	(8)	
3	(1)	(2)	(3)
4			
5	(1)	(2)	(3)
	(4)	(5)	(6)

1	/8点	**2**	/40点	**3**	/15点	**4**	/7点	**5**	/30点

1 連立方程式

テストに出る！ 教科書のココが要点

さらっとまとめ（赤シートを使って，□に入るものを考えよう。）

1 連立方程式とその解 教 p.42～p.45

・2 つの文字をふくむ 1 次方程式を［2 元 1 次方程式］という。

・2 元 1 次方程式を成り立たせる 2 つの文字の値の組を，その方程式の［解］という。

・方程式をいくつか組にしたものを［連立方程式］という。

・連立方程式のどの方程式も成り立たせる文字の値の組を連立方程式の［解］といい，その解を求めることを，連立方程式を［解く］という。

2 連立方程式の解き方 教 p.46～p.53

・連立方程式の解き方には，［加減法］，［代入法］があり，どちらも 1 つの文字を［消去］して解く方法である。

スピード確認（□に入るものを答えよう。答えは，下にあります。）

1

□ 次の㋐～㋒の中で，2 元 1 次方程式 $2x+y=7$ の解は［①］である。

㋐ $x=4$，$y=1$　㋑ $x=2$，$y=-3$　㋒ $x=1$，$y=5$

□ 次の㋐～㋒の中で，連立方程式 $\begin{cases} x+y=7 \\ x-y=1 \end{cases}$ の解は［②］である。

㋐ $x=6$，$y=1$　㋑ $x=2$，$y=5$　㋒ $x=4$，$y=3$

★ 2 つの方程式をどちらも成り立たせる x，y の値の組を見つける。

2

□ 連立方程式 $\begin{cases} -x+y=7 & \cdots ① \\ 3x+2y=4 & \cdots ② \end{cases}$ を解きなさい。

【加減法】

y の係数の絶対値をそろえ，左辺どうし，右辺どうしひく。

①×2　$-2x+2y=14$

②　$-)\ 3x+2y=4$

$[③]x=10$

$x=[④]$

①に代入すると，$y=[⑤]$

答　$x=[④]$，$y=[⑤]$

【代入法】

①を y について解き，それを②に代入する。

①より，$y=x+7$　…③

③を②に代入すると，

$3x+2(x+7)=4$

この方程式を解くと，$x=[⑥]$

③に代入すると，$y=[⑦]$

答　$x=[⑥]$，$y=[⑦]$

①＿＿＿＿

②＿＿＿＿

③＿＿＿＿

④＿＿＿＿

⑤＿＿＿＿

⑥＿＿＿＿

⑦＿＿＿＿

加減法と代入法，どちらの方法でも解けるようにしよう。

答 ①㋒ ②㋒ ③−5 ④−2 ⑤5 ⑥−2 ⑦5

解答 p.4

基礎力UP テスト対策問題

1 連立方程式とその解　次の中から，$x=-1$，$y=3$ が解である連立方程式を選びなさい。

㋐ $\begin{cases} 2x+y=5 \\ 3x+2y=3 \end{cases}$　㋑ $\begin{cases} x+2y=5 \\ 3x-2y=-9 \end{cases}$　㋒ $\begin{cases} 2x+3y=7 \\ 2x+y=5 \end{cases}$

2 加減法　次の連立方程式を加減法で解きなさい。

(1) $\begin{cases} 5x+2y=4 \\ x-2y=8 \end{cases}$　(2) $\begin{cases} 2x+3y=11 \\ 2x-y=-1 \end{cases}$

(3) $\begin{cases} 3x+2y=7 \\ x+5y=11 \end{cases}$　(4) $\begin{cases} 4x+3y=18 \\ -5x+7y=-1 \end{cases}$

3 代入法　次の連立方程式を代入法で解きなさい。

(1) $\begin{cases} x+y=10 \\ y=4x \end{cases}$　(2) $\begin{cases} y=2x+1 \\ 5x-y=8 \end{cases}$

(3) $\begin{cases} 4x-5y=13 \\ x=3y-2 \end{cases}$　(4) $\begin{cases} y=x+1 \\ 3x-2y=-7 \end{cases}$

4 いろいろな連立方程式　次の連立方程式，方程式を解きなさい。

(1) $\begin{cases} 8x-5y=13 \\ 10x-3(2x-y)=1 \end{cases}$　(2) $\begin{cases} 3x+2y=4 \\ \frac{1}{2}x-\frac{1}{5}y=-2 \end{cases}$

(3) $\begin{cases} 2x+3y=-2 \\ 0.3x+0.7y=0.2 \end{cases}$　(4) $3x+2y=5x+y=7$

テスト対策ナビ

絶対に覚える!

■連立方程式の解
➡どの方程式も成り立たせる文字の値の組のこと。

ポイント

■加減法
どちらかの文字の係数の絶対値をそろえ，左辺どうし，右辺どうしをたしたりひいたりして，その文字を消去して解く方法

ポイント

■代入法
一方の式を他方の式に代入して，１つの文字を消去して解く方法

ミス注意!

多項式は(　)をつけて代入する。

絶対に覚える!

かっこのある式
➡かっこをはずす。

係数に分数や小数をふくむ式
➡係数が全部整数になるように両辺を何倍かする。

$A=B=C$ の形の式
➡$A=B$，$B=C$，$A=C$ のうちの２つを組み合わせる。

解答 p.4

テストに出る!

予想問題 ①

2章 連立方程式
1 連立方程式

20分

/12問中

1 加減法と代入法　次の連立方程式を解きなさい。

(1) $\begin{cases} 2x+3y=17 \\ 3x+4y=24 \end{cases}$

(2) $\begin{cases} 8x+7y=12 \\ 6x+5y=8 \end{cases}$

(3) $\begin{cases} x=4y-10 \\ 3x-y=-8 \end{cases}$

(4) $\begin{cases} 5x=4y-1 \\ 5x-3y=-7 \end{cases}$

2 よく出る　いろいろな連立方程式　次の連立方程式を解きなさい。

(1) $\begin{cases} 3x-y=2 \\ 4x-3(2x-y)=8 \end{cases}$

(2) $\begin{cases} 3x+5y=-11 \\ 2(x-5)=y \end{cases}$

(3) $\begin{cases} x-3(y-5)=0 \\ 7x=6y \end{cases}$

(4) $\begin{cases} \frac{3}{4}x-\frac{1}{2}y=2 \\ 2x+y=3 \end{cases}$

(5) $\begin{cases} x+2y=-4 \\ \frac{1}{2}x-\frac{2}{3}y=3 \end{cases}$

(6) $\begin{cases} 2x-y=15 \\ \frac{1}{2}x+\frac{1}{3}y=2 \end{cases}$

(7) $\begin{cases} 1.2x+0.5y=5 \\ 3x-2y=19 \end{cases}$

(8) $\begin{cases} 0.5x-1.4y=8 \\ -x+2y=-12 \end{cases}$

2 係数に分数をふくむときは，両辺に分母の最小公倍数をかけて，係数を整数にする。
係数に小数をふくむときは，両辺に 10 や 100 などをかけて，係数を整数にする。

テストに出る！

予想問題 ②

2章 連立方程式
1 連立方程式

20分

/7問中

1 よく出る　$A=B=C$ の形をした方程式　次の方程式を解きなさい。

(1) $2x+3y=-x-3y=5$

(2) $x+y+6=4x+y=5x-y$

2 連立方程式の解　次の問いに答えなさい。

(1) 連立方程式 $\begin{cases} 2x+ay=8 \\ bx-y=7 \end{cases}$ の解が $x=3$，$y=2$ のとき，a，b の値を求めなさい。

(2) 連立方程式 $\begin{cases} 5x-2y=4 \\ ax-5y=-7 \end{cases}$ の解が $x=2$，$y=b$ のとき，a，b の値を求めなさい。

(3) 2つの連立方程式 $\begin{cases} 5x+3y=7 \\ ax-by=10 \end{cases}$ と $\begin{cases} bx+ay=5 \\ 4x-3y=11 \end{cases}$ の解が同じであるとき，a，b の値を求めなさい。

発展 **3** 連立3元1次方程式　次の連立方程式を解きなさい。

(1) $\begin{cases} x+y+z=8 \\ 3x+2y+z=14 \\ z=3x \end{cases}$

(2) $\begin{cases} x+2y-z=7 \\ 2x+y+z=-10 \\ x-3y-z=-8 \end{cases}$

2 (1)(2) x，y にそれぞれの値を代入して，a，b についての方程式を解く。

3 連立3元1次方程式は，1つの文字を消去し，文字が2つの連立方程式をつくればよい。

2 連立方程式の利用

テストに出る！ 教科書のココが要点

さらっとまとめ (赤シートを使って，□に入るものを考えよう。)

1 連立方程式の利用 教 p.58～p.64

・連立方程式を使って問題を解く手順

1 [求める数量]を文字で表す。求めたいもの以外の数量を文字で表すこともある。

2 [等しい数量]を見つけて，[2つの方程式]に表す。

3 [連立方程式]を解く。

4 解が実際の問題に[適している]か確かめる。

スピード確認 (□に入るものを答えよう。答えは，下にあります。)

□ 1個100円のりんごと1個60円のみかんを合わせて9個買ったところ，代金の合計は700円になりました。

(1) りんごをx個，みかんをy個買ったとして，数量の関係を表に整理すると，次のようになる。

	りんご	みかん	合計
1個の値段 (円)	100	60	
個数 (個)	x	y	9
代金 (円)	①	②	③

(2) (1)の表から，個数の関係についての方程式をつくると，

④＋⑤＝9

1

(3) (1)の表から，代金の関係についての方程式をつくると，

①＋②＝③

□ ノート3冊とボールペン2本を買うと480円に，ノート5冊とボールペン6本を買うと1120円になります。ノート1冊の値段をx円，ボールペン1本の値段をy円とする。

(1) (ノート1冊の値段)×3＋(ボールペン1本の値段)×2＝480

この関係から方程式をつくると，

⑥＋⑦＝480

(2) (ノート1冊の値段)×5＋(ボールペン1本の値段)×6＝1120

この関係から方程式をつくると，

⑧＋⑨＝1120

①
②
③
④
⑤
⑥
⑦
⑧
⑨

答 ①$100x$ ②$60y$ ③700 ④x ⑤y ⑥$3x$ ⑦$2y$ ⑧$5x$ ⑨$6y$

解答 p.5

基礎力UP テスト対策問題

1 代金の問題　**1 個 100 円のパンと 1 個 120 円のおにぎりを合わせて 10 個買い，1100 円はらいました。**

(1) 100 円のパンを x 個，120 円のおにぎりを y 個買ったとして，数量の関係を表に整理しなさい。

	パン	おにぎり	合計
1 個の値段（円）	100	120	
個数　　（個）	x	y	10
代金　　（円）	㋐	㋑	㋒

(2) (1)の表から，連立方程式をつくり，パンとおにぎりをそれぞれ何個買ったか求めなさい。

2 速さの問題　**家から 1000 m 離れた駅に行くのに，はじめは分速 50 m で歩き，途中から分速 100 m で走ったところ，全体で 14 分かかりました。**

(1) 歩いた道のりを x m，走った道のりを y m として，数量の関係を図と表に整理しなさい。

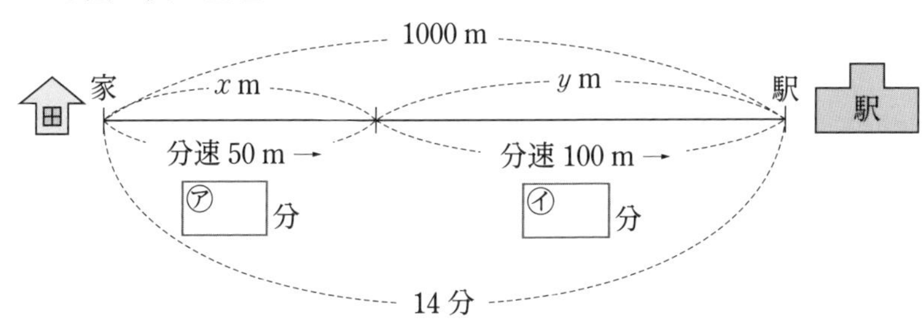

	歩いたところ	走ったところ	合計
道のり　（m）	x	y	1000
速さ（m/min）	50	100	
時間　　（分）	㋐	㋑	14

(2) (1)の表から，連立方程式をつくり，歩いた道のり，走った道のりを求めなさい。

テスト対策ナビ

ポイント

文章題では，数量の間の関係を，図や表にして整理するとわかりやすい。

1 (2) 個数の関係，代金の関係から，2 つの方程式をつくる。

思い出そう！

時間，道のり，速さの問題は，次の公式を使って，式に表す。

$(時間)=\frac{(道のり)}{(速さ)}$

(道のり)
$=(速さ)\times(時間)$

2 (2) 道のりの関係，時間の関係から，2 つの方程式をつくる。

係数の分数は，100 をかけて整数にするよ。

テストに出る！
予想問題 ①

2章 連立方程式
2 連立方程式の利用

20分 /5問中

1 硬貨の問題　500円硬貨と100円硬貨を合わせて22枚集めたら，6200円になりました。500円硬貨と100円硬貨の枚数をそれぞれ求めなさい。

2 よく出る　代金の問題　鉛筆3本とノート5冊を買うと840円に，鉛筆6本とノート7冊を買うと1320円になりました。鉛筆1本とノート1冊の値段をそれぞれ求めなさい。

3 速さの問題　家から学校までの道のりは1500 mです。はじめは分速60 mで歩いていましたが，雨が降ってきたので，途中から分速120 mで走ったら，20分で学校に着きました。

(1) 歩いた道のりを x m，走った道のりを y m として，数量の関係を図と表に整理しなさい。

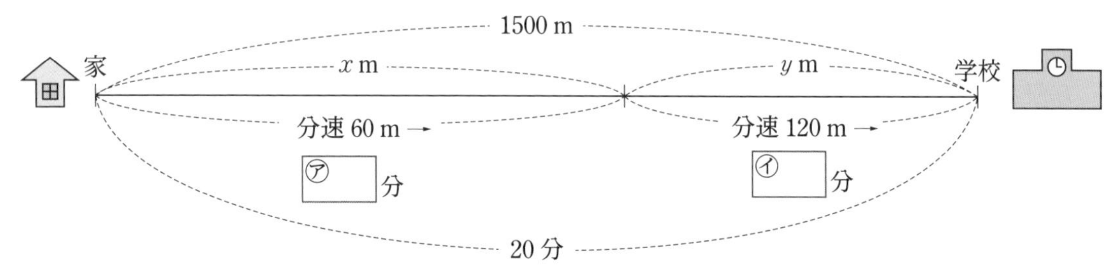

	歩いたところ	走ったところ	合計
道のり　(m)	x	y	1500
速さ (m/min)	60	120	
時間　(分)	㋐	㋑	20

(2) (1)の表から，連立方程式をつくり，歩いた道のり，走った道のりをそれぞれ求めなさい。

(3) 歩いた時間と走った時間を文字を使って表して連立方程式をつくり，歩いた道のりと走った道のりがそれぞれ何 m か求めなさい。

3 (3) 歩いた時間を x 分，走った時間を y 分として，連立方程式をつくる。
この連立方程式の解が，そのまま答えとならないことに注意する。

テストに出る！

予想問題 ② 2章 連立方程式 2 連立方程式の利用

20分　/4問中

1 速さの問題　14 km 離れたところに行くのに，はじめは自転車に乗って時速 16 km で走り，途中から時速 4 km で歩いたら，2 時間かかりました。自転車に乗った道のりと歩いた道のりをそれぞれ求めなさい。

2 よく出る　割合の問題　ある中学校の昨年の生徒数は 425 人でした。今年の生徒数を調べたところ 23 人増えていることがわかりました。これを男女別で調べると，昨年より，男子は 7%，女子は 4%，それぞれ増えています。

(1) 昨年の男子の生徒数を x 人，昨年の女子の生徒数を y 人として，数量の関係を表に整理しなさい。

	男子	女子	合計
昨年の生徒数（人）	x	y	425
増えた生徒数（人）	㋐	㋑	23

(2) (1)の表から，連立方程式をつくり，昨年の男子と女子の生徒数をそれぞれ求めなさい。

3 割合の問題　ある店では，ケーキとドーナツを合わせて 150 個作りました。そのうち，ケーキは 6%，ドーナツは 10% 売れ残り，合わせて 13 個が売れ残りました。作ったケーキとドーナツの個数をそれぞれ求めなさい。

1 道のりと時間の関係について，連立方程式をつくる。
3 作った個数と売れ残った個数の関係について，連立方程式をつくる。

テストに出る!

章末予想問題　2章 連立方程式

30分

/100点

1 次の中から，連立方程式 $\begin{cases} 7x+3y=34 \\ 5x-6y=8 \end{cases}$ の解を選びなさい。〔8点〕

㋐ $x=5,\ y=-\dfrac{1}{3}$　㋑ $x=-2,\ y=-3$　㋒ $x=4,\ y=2$

2 次の連立方程式，方程式を解きなさい。6点×6〔36点〕

(1) $\begin{cases} 4x-5y=6 \\ 3x-2y=1 \end{cases}$

(2) $\begin{cases} 5x-3y=11 \\ 3y=2x+1 \end{cases}$

(3) $\begin{cases} 3(x-2y)+5y=2 \\ 4x-3(2x-y)=8 \end{cases}$

(4) $\begin{cases} 3x+4y=1 \\ \dfrac{1}{3}x+\dfrac{2}{5}y=\dfrac{1}{3} \end{cases}$

(5) $\begin{cases} \dfrac{3}{4}x-\dfrac{2}{3}y=\dfrac{7}{6} \\ 1.3x+0.6y=-5 \end{cases}$

(6) $3x-y=2x+y=x-2y+5$

3 差がつく　連立方程式 $\begin{cases} 3x-4y=8 \\ ax+3y=17 \end{cases}$ の解の比が，$x:y=4:5$ であるとき，a の値を求めなさい。〔8点〕

解答 p.6

満点ゲット作戦
連立方程式を解くときは，加減法か代入法を使って１つの文字を消去して，もう１つの文字についての１次方程式をつくる。

4 ある遊園地の入園料は，大人１人の料金は中学生１人の料金より200円高いそうです。この遊園地に大人２人と中学生５人で入ったら，入園料の合計は7400円でした。大人１人，中学生１人の入園料をそれぞれ求めなさい。〔16点〕

5 A町からB町を通ってC町まで行く道のりは23 kmです。ある人がA町からB町までは時速4 km，B町からC町までは時速5 kmで歩いたところ，全体で5時間かかりました。A町からB町までの道のりと，B町からC町までの道のりをそれぞれ求めなさい。〔16点〕

6 差がつく ある中学校では，リサイクルのために新聞と雑誌を集めました。今月は新聞と雑誌を合わせて216 kg集めました。これは先月に比べて，新聞は20％増え，雑誌は10％減りましたが，全体では16 kg増えました。今月集めた新聞と雑誌の重さをそれぞれ求めなさい。〔16点〕

1			
2	(1)	(2)	(3)
	(4)	(5)	(6)
3			
4	大人	中学生	
5	A町からB町	B町からC町	
6	新聞	雑誌	

1	2	3	4	5	6
/8点	/36点	/8点	/16点	/16点	/16点

3章 1次関数

1 1次関数

テストに出る！ 教科書のココが要点

さらっとまとめ (赤シートを使って，□に入るものを考えよう。)

1 1次関数 教 p.70～p.72

・y が x の関数で，y が x の1次式で表されるとき，y は x の [1次関数] であるといい，一般に [$y=ax+b$] (a，b は定数) と表される。

2 1次関数の値の変化 教 p.73～p.74

・1次関数 $y=ax+b$ では，変化の割合は [一定] であり，x の係数 [a] に等しい。

$$(変化の割合)=\frac{([y]の増加量)}{([x]の増加量)}=[a]$$

3 1次関数のグラフ 教 p.75～p.82

・1次関数 $y=ax+b$ のグラフは，[$y=ax$] のグラフを，y 軸の正の方向に [b] だけ平行移動させた直線である。また，[傾き] が a，[切片] が b の直線である。

・$a>0$ のとき，x の値が増加すると y の値も [増加] し，グラフは [右上がり] の直線である。

・$a<0$ のとき，x の値が増加すると y の値は [減少] し，グラフは [右下がり] の直線である。

4 1次関数の式の求め方 教 p.84～p.86

・1次関数の式は，$y=ax+b$ の a，b の値がわかれば求められる。

例 グラフの傾きが4，切片が2の1次関数の式は，$y=$ [$4x+2$]

スピード確認 (□に入るものを答えよう。答えは，下にあります。)

1

□ y が x の1次関数であるものを，次の㋐～㋓から選ぶと，[①] になる。

㋐ $y=2x+1$　㋑ $y=-x$　㋒ $y=5x^2$　㋓ $y=\frac{2}{x}$

2

□ 1次関数 $y=5x+2$ の変化の割合は [②] である。

□ 1次関数 $y=3x+4$ で，x の値が1から3まで増加するときの y の増加量は [③] である。

3

□ 1次関数 $y=2x+4$ のグラフは，$y=2x$ のグラフを，y 軸の正の方向に [④] だけ平行移動した直線である。

□ 1次関数 $y=3x-5$ のグラフは，傾きが [⑤]，切片が [⑥] の，右 [⑦] の直線である。

4

□ 変化の割合が2で，$x=2$ のとき $y=3$ の1次関数の式は

$y=2x+b$ に $x=2$，$y=3$ を代入すると，$3=4+b$ より $b=$ [⑧]　　$y=$ [⑨]

①
②
③
④
⑤
⑥
⑦
⑧
⑨

答 ①㋐，㋑ ②5 ③6 ④4 ⑤3 ⑥−5 ⑦上がり ⑧−1 ⑨$2x-1$

解答 p.7

基礎力UP テスト対策問題

1 1次関数の値の変化　次の1次関数の変化の割合を答えなさい。また，x の値が -1 から 2 まで増加するときの y の増加量を求めなさい。

(1) $y=3x-7$　　(2) $y=-x+4$

(3) $y=\frac{1}{2}x+4$　　(4) $y=-\frac{1}{3}x-1$

2 1次関数のグラフ　次の問いに答えなさい。

㋐ $y=4x-2$　　㋑ $y=-3x+1$

㋒ $y=-\frac{2}{3}x-2$　　㋓ $y=4x+3$

(1) ㋐～㋓の1次関数のグラフの，傾きと切片を答えなさい。

(2) グラフが右下がりの直線になるものを，㋐～㋓から選びなさい。

(3) グラフが平行になるものは，㋐～㋓の中のどれとどれですか。

3 1次関数の式の求め方　次のような1次関数の式を求めなさい。

(1) 変化の割合が -2 で，$x=-1$ のとき $y=4$

(2) グラフの切片が 4 で，点 $(3,\ 1)$ を通る

(3) グラフが 2 点 $(1,\ 5)$，$(3,\ 9)$ を通る

テスト対策ナビ

絶対に覚える！

■ $y=ax+b$
（a：変化の割合）

■ a は，x の値が 1 増加するときの y の増加量を表している。

ポイント

■ $y=ax+b$ で，
$a>0$ ➡ グラフは右上がりの直線
$a<0$ ➡ グラフは右下がりの直線

グラフが平行なとき，傾きが等しいよ。

ポイント

求める1次関数の式を $y=ax+b$ とおき，a，b の値を求める。

3 (3) 傾きは $\frac{9-5}{3-1}$ で求める。

テストに出る！

予想問題 ①

3章 1次関数
1 1次関数

20分　/12問中

1 1次関数　水が2L入っている水そうがあります。この水そうに，一定の割合で水を入れます。このとき，水を入れ始めてから5分後の水そうの中の水の量は22Lになりました。

(1) 水の量は1分間に何Lずつ増えましたか。

(2) 水を入れ始めてからx分後の水そうの中の水の量をyLとするとき，yをxの式で表しなさい。

2 変化の割合　次の1次関数について，変化の割合を答えなさい。また，xの値が2から6まで増加するときのyの増加量を求めなさい。

(1) $y=6x+5$　　(2) $y=\frac{1}{4}x+3$

3 1次関数のグラフ　次の1次関数のグラフの傾きと切片を答えなさい。

(1) $y=5x-4$　　(2) $y=-2x$

4 よく出る　1次関数のグラフ　次の1次関数について，下の問いに答えなさい。

㋐ $y=3x-1$　　㋑ $y=-2x+5$　　㋒ $y=\frac{2}{3}x+1$

(1) ㋐～㋒のグラフをかきなさい。

(2) xの変域が $-2<x\leqq3$ のとき，yの変域をそれぞれ求めなさい。

y, 5, -5, O, 5, x, -5

2 xの増加量は $6-2=4$ である。yの増加量は $a\times$(xの増加量) で求める。

4 (2) xの変域 $-2<x\leqq3$ の両端の $x=-2$ と $x=3$ に対応するyの値を求める。

テストに出る！

予想問題 ②　3章 1次関数　1 1次関数

20分　/10問中

1 1次関数のグラフ　次の㋐〜㋕の1次関数の中から，下の(1)〜(4)にあてはまるものをすべて選びなさい。

㋐ $y=4x-5$　　㋑ $y=-2x-4$　　㋒ $y=\frac{2}{7}x+8$

㋓ $y=\frac{2}{7}x+12$　　㋔ $y=-\frac{2}{7}x+2$　　㋕ $y=\frac{3}{4}x-5$

(1) グラフが右上がりの直線になるもの　　(2) グラフが点 $(-3,\ 2)$ を通るもの

(3) グラフが平行になるものの組　　(4) グラフが y 軸上で交わるものの組

2 直線の式　グラフが右の図の(1)〜(3)の直線になる1次関数の式をそれぞれ求めなさい。

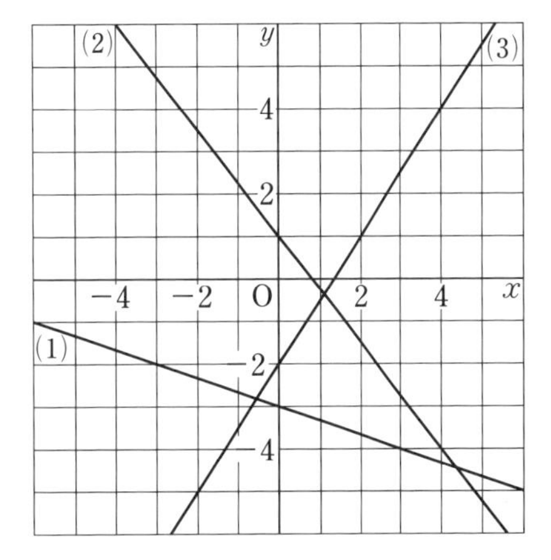

3 よく出る　1次関数の式の求め方　次のような1次関数や直線の式を求めなさい。

(1) 変化の割合が2で，$x=1$ のとき $y=3$

(2) 切片が -1 で，点 $(1,\ 2)$ を通る直線

(3) 2点 $(-3,\ -1)$，$(6,\ 5)$ を通る直線

2 y 軸との交点の y 座標の値が直線の切片である。
3 (3)　2点の座標から傾きを求める。または，連立方程式をつくって求める。

2 1次関数と方程式　3 1次関数の利用

テストに出る！ 教科書のココが要点

さらっとまとめ（赤シートを使って，□に入るものを考えよう。）

1 2元1次方程式のグラフ 教 p.88～p.91

・2元1次方程式 $ax+by=c$ のグラフは［直線］である。

特に，$a=0$ の場合 ➡ ［x 軸に平行］な直線

$b=0$ の場合 ➡ ［y 軸に平行］な直線

例 $y=8$ のグラフは，点 $(0,\ 8)$ を通り，x 軸に平行な直線になる。

2 連立方程式とグラフ 教 p.92～p.93

・x，y についての連立方程式の解は，それぞれの方程式のグラフの［交点］の［x 座標］，［y 座標］の組で表される。

・2直線の交点の座標を求めるには，2つの直線の式を組にした［連立方程式］を解いて求めればよい。

スピード確認（□に入るものを答えよう。答えは，下にあります。）

1

□ 方程式 $3x-y=3$ のグラフは，この式を y について解くと，

$y=$［①］

よって，グラフは傾きが［②］，切片が［③］の直線になる。

□ 方程式 $2y-6=0$ のグラフは，この式を y について解くと，

$y=$［④］

よって，点 $(0,$［⑤］$)$ を通り，［⑥］軸に平行な直線になる。

□ 方程式 $3x-12=0$ のグラフは，この式を x について解くと，

$x=$［⑦］

よって，点 (［⑧］, 0) を通り，［⑨］軸に平行な直線になる。

2

□ 連立方程式 $\begin{cases} 2x-y=3 & \cdots ① \\ x+2y=4 & \cdots ② \end{cases}$ の解

は①，②のグラフが右の図のようになるので，グラフから交点の座標を読みとると (［⑩］, ［⑪］) とわかる。

よって，上の連立方程式の解は

$x=$［⑩］，$y=$［⑪］である。

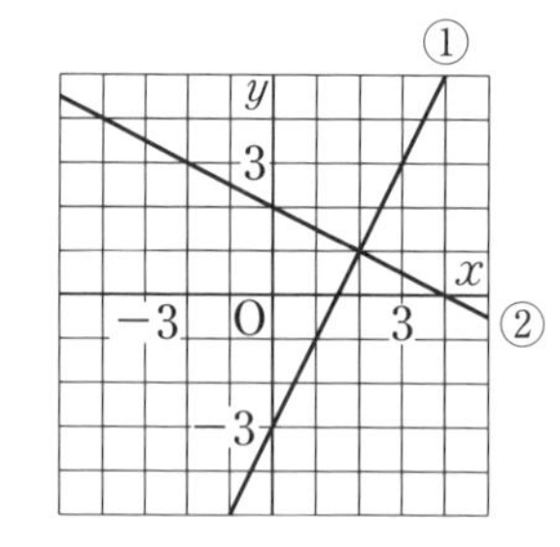

①
②
③
④
⑤
⑥
⑦
⑧
⑨
⑩
⑪

答 ①$3x-3$　②3　③-3　④3　⑤3　⑥x　⑦4　⑧4　⑨y　⑩2　⑪1

解答 p.8

基礎力UP テスト対策問題

1 2元1次方程式のグラフ　次の方程式のグラフをかきなさい。

(1) $x-y=-3$

(2) $2x+y-1=0$

(3) $y-4=0$

(4) $5x-10=0$

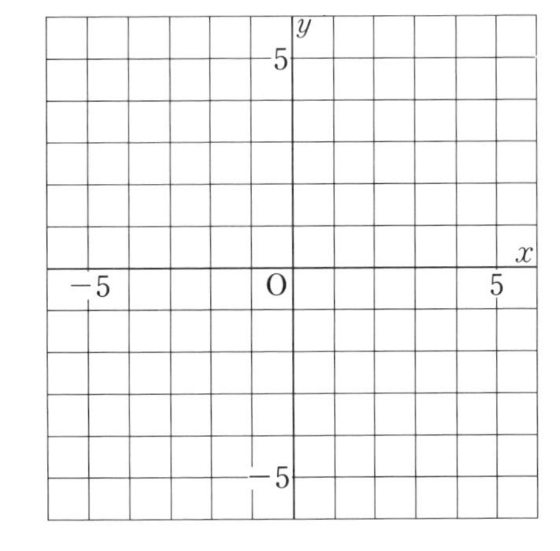

2 連立方程式とグラフ　次の連立方程式の解を，グラフをかいて求めなさい。

$$\begin{cases} x-2y=-6 & \cdots ① \\ 3x-y=2 & \cdots ② \end{cases}$$

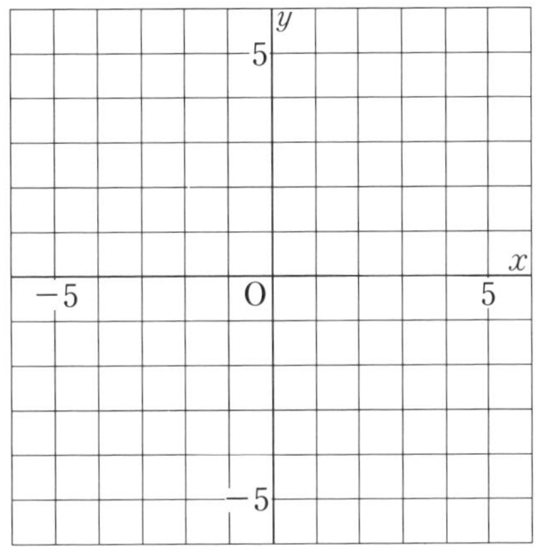

3 連立方程式とグラフ　下の図について，次の問いに答えなさい。

(1) 直線①，②の式をそれぞれ求めなさい。

(2) 2直線①，②の交点の座標を求めなさい。

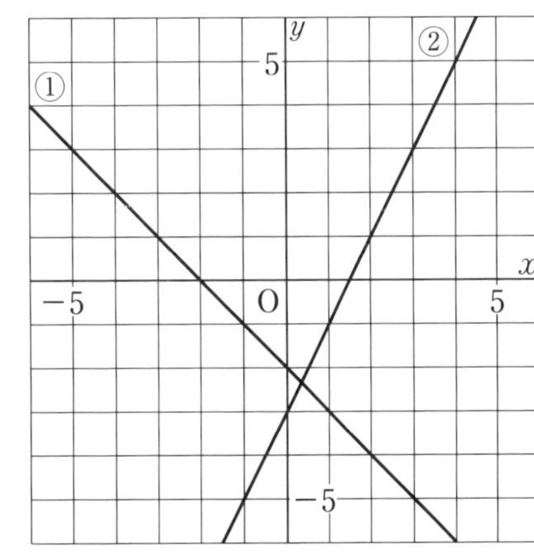

テスト対策ナビ

絶対に覚える!

$ax+by=c$ のグラフをかくには，

$y=\bigcirc x+\square$
（○：傾き　□：切片）

の形に変形するか，グラフが通る2点の座標を求め，それを利用してかく。

絶対に覚える!

連立方程式の解とグラフの関係を理解しておこう。

連立方程式の解 $x=\bigcirc$，$y=\triangle$
⬍
交点の座標 $(\bigcirc, \triangle)$

3 (2) 交点の座標はグラフからは読みとれないので，①，②の式を連立方程式として解いて求める。

解答 p.8

テストに出る!

予想問題 ① 3章 1次関数 2 1次関数と方程式

20分 /8問中

1 よく出る 2元1次方程式のグラフ　次の方程式のグラフをかきなさい。

(1) $2x+3y=6$

(2) $x-4y-4=0$

(3) $-3x-1=8$

(4) $2y+1=-5$

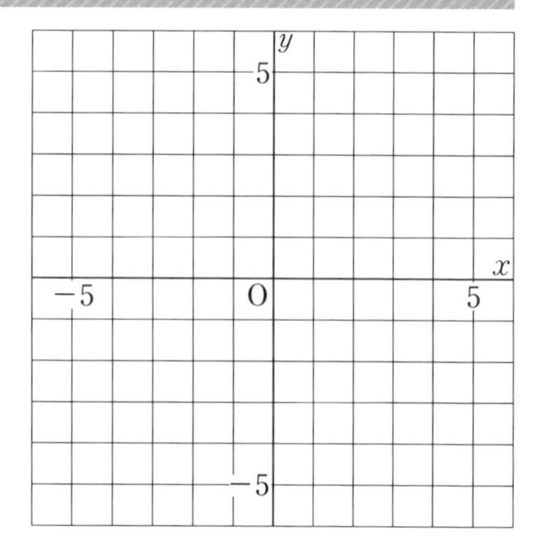

2 連立方程式とグラフ　次の(1)～(3)の連立方程式の解について，㋐～㋒の中からあてはまるものを選びなさい。

(1) $\begin{cases} 3x+y=7 \\ 6x+2y=-2 \end{cases}$　(2) $\begin{cases} 4x-3y=9 \\ 5x+y=16 \end{cases}$　(3) $\begin{cases} 6x-3y=3 \\ 12x-6y=6 \end{cases}$

㋐ 2つのグラフは平行で交点がないので，解はない。
㋑ 2つのグラフは一致するので，解は無数にある。
㋒ 2つのグラフは1点で交わり，解は1組だけある。

3 連立方程式とグラフ　次の連立方程式の解を，グラフをかいて求めなさい。

$\begin{cases} 2x-3y=6 & \cdots① \\ y=-4 & \cdots② \end{cases}$

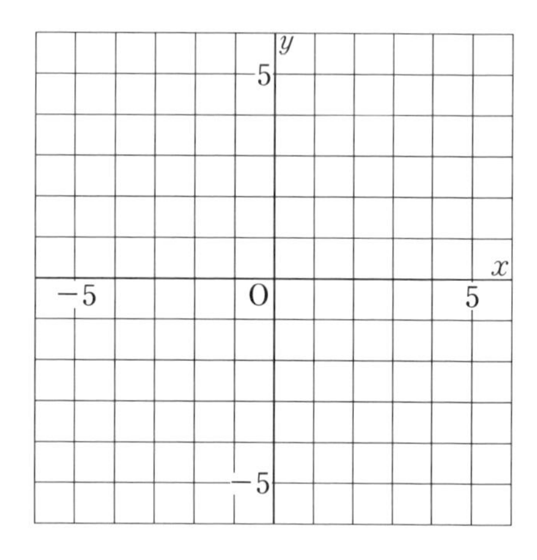

2 それぞれの方程式を，$y=ax+b$ の形に変形して調べる。
(1)は傾きが等しい直線，(3)は傾きも切片も等しい直線になることがわかる。

テストに出る！

予想問題 ②　3章 1次関数　3 1次関数の利用

20分　/7問中

1 1次関数の利用　兄は午前9時に家を出発し，東町までは自転車で走り，東町から西町までは歩きました。右のグラフは，兄が家を出発してからの時間と道のりの関係を表したものです。

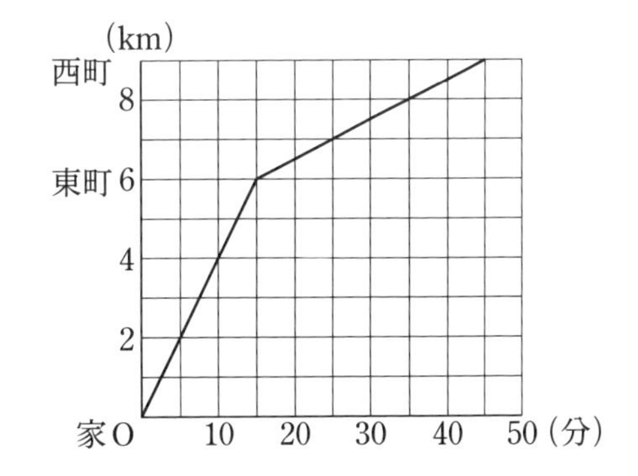

(1) 兄が東町まで自転車で走ったときの速さは分速何mか求めなさい。

(2) 兄が東町から西町まで歩いたときの速さは分速何mか求めなさい。

(3) 弟は午前9時15分に家を出発し，分速400 mで，自転車で兄を追いかけました。弟が兄に追いつく時刻を，グラフをかいて求めなさい。

2 よく出る　1次関数と図形　右の図の長方形ABCDにおいて，点Pは点Bを出発して，辺上を点C，Dを通って点Aまで動きます。点Pが点Bから x cm動いたときの△ABPの面積を y cm^2 とします。

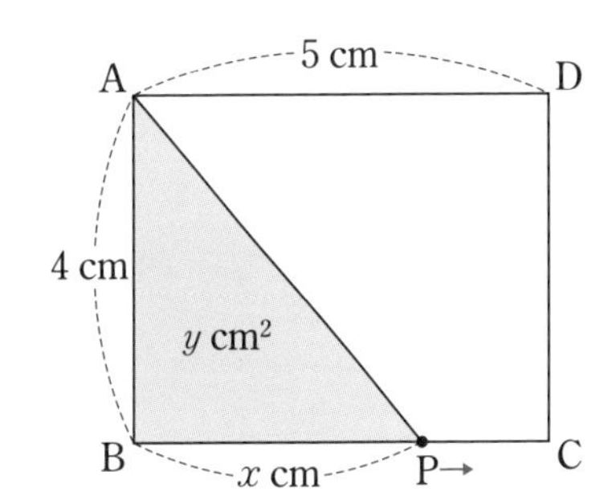

(1) 点Pが辺BC上にあるとき，y を x の式で表しなさい。

(2) 点Pが辺CD上にあるとき，y の値を求めなさい。

(3) 点Pが辺AD上にあるとき，y を x の式で表しなさい。

(4) x と y の変化のようすを表すグラフを，右の図にかき入れなさい。

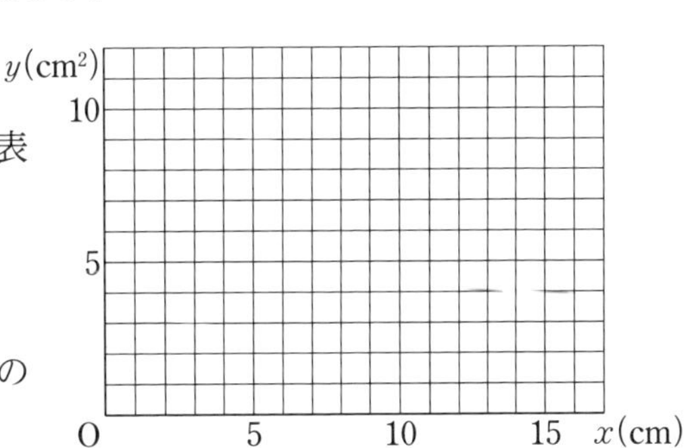

1 (1) グラフから，10分間に4 km進んでいることがわかる。

2 (1) y＝AB×BP÷2　(2) y＝AB×AD÷2　(3) y＝AB×AP÷2

テストに出る！

章末予想問題　3章 1次関数

⏱ 30分

/100点

1 次の㋐～㋓のうち，y が x の1次関数であるものをすべて選びなさい。〔6点〕

㋐ $y=\dfrac{2}{x}$　　㋑ $y=-3x+2$　　㋒ $y=x$　　㋓ $y=5x^2$

2 1次関数 $y=-2x+2$ について，次の問いに答えなさい。7点×2〔14点〕

(1) この関数のグラフの傾きと切片を答えなさい。

(2) y の変域が $-5 \leqq y \leqq 5$ のとき，x の変域を答えなさい。

3 次の1次関数や直線の式を求めなさい。8点×3〔24点〕

(1) $x=4$ のとき $y=-3$ で，x の値が2増加すると，y の値は1減少する

(2) 2点 $(-1,\ 7)$，$(3,\ -5)$ を通る直線

(3) x 軸との交点が $(3,\ 0)$，y 軸との交点が $(0,\ -4)$ である直線

4 右の図について，次の問いに答えなさい。8点×2〔16点〕

(1) 2直線 ℓ，m の交点Aの座標を求めなさい。

(2) 2直線 m，n の交点Bの座標を求めなさい。

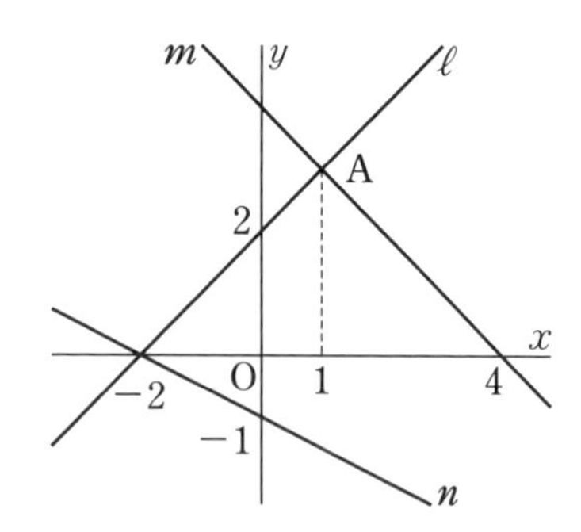

解答 p.9

満点ゲット作戦

$y=ax+b$ のグラフは，直線 $y=ax$ に平行で，点 $(0,\ b)$ を通る。
グラフは，$a>0$ → 右上がりの直線，$a<0$ → 右下がりの直線

ココが要点を再確認　もう一歩　合格
0　70　85　100点

5 水を熱して，水温の変化を調べる実験をしました。熱し始めてから x 分後の水温を y°C とすると，はじめの 4 分間の x と y の関係は，右の表のようになりました。この実験において，水温は 1 分間におよそ 6°C の割合で上昇していることから，x と y の関係は，1 次関数とみなすことができます。

時間 x (分)	0	1	2	3	4
水温 y (°C)	22	28	34	39	46

(1) y を x の式で表しなさい。　10 点×2〔20 点〕

(2) 水温が 94°C になるのは，水を熱し始めてから何分後か予想しなさい。

6 差がつく　姉は，家から 12 km 離れた東町まで行き，しばらくしてから帰ってきました。右のグラフは，姉が家を出発してから x 時間後の家からの道のりを y km として，x と y の関係を表したものです。　10 点×2〔20 点〕

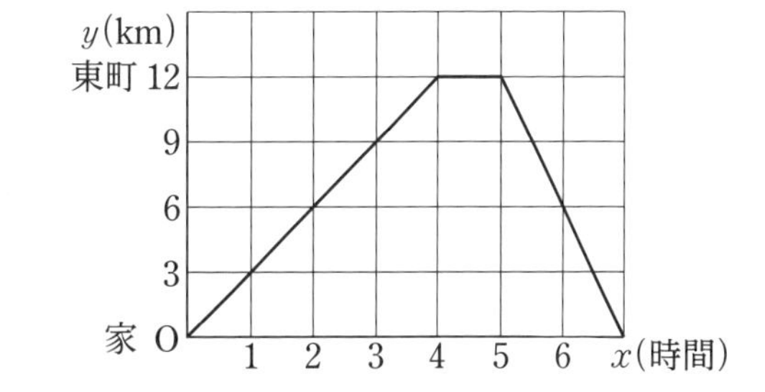

(1) x の変域が $5 \leqq x \leqq 7$ のとき，y を x の式で表しなさい。

(2) 姉が東町に着くと同時に，妹は家から時速 3 km の速さで歩いて東町に向かいました。2 人は家から何 km 離れた地点で出会いますか。

1			
2	(1) 傾き	切片	(2)
3	(1)	(2)	(3)
4	(1)	(2)	
5	(1)	(2)	
6	(1)	(2)	

1 /6点	**2** /14点	**3** /24点	**4** /16点	**5** /20点	**6** /20点

4章 図形の性質と合同

1 平行線と角

テストに出る！ 教科書のココが要点

さらっとまとめ（赤シートを使って，□に入るものを考えよう。）

1 直線と角 教 p.106～p.111

- 2直線が交わるとき，向かい合っている2つの角を 対頂角 という。
- 対頂角は 等しい 。
- 2直線に1つの直線が交わるとき，次の1，2がいえる。
  1. 2直線が平行ならば， 同位角 ， 錯角 は等しい。
  2. 同位角 または 錯角 が等しいならば，2直線は 平行 である。

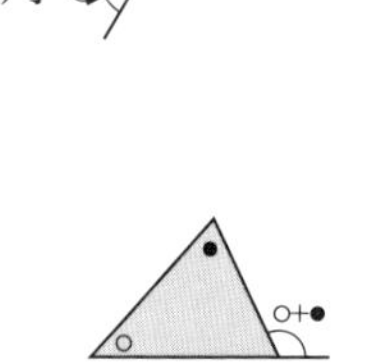

2 多角形の内角と外角 教 p.112～p.121

- 三角形の3つの 内角 の和は180°である。
- 三角形の1つの 外角 は，
  それととなり合わない2つの内角の和に等しい。
- n角形の内角の和は $180°\times(n-2)$ である。
- 多角形の外角の和は 360° である。

外角
内角

スピード確認（□に入るものを答えよう。答えは，下にあります。）

1

□ 右の図で，対頂角は等しいので，
$\angle a=\angle$ ①， $\angle b=\angle$ ②
★向かい合っている2つの角が対頂角である。

□ 右の図において，
$\angle x$ の同位角は $\angle$ ③
$\angle x$ の錯角は $\angle$ ④
$\ell /\!/ m$ のとき，$\angle x=70°$ ならば
$\angle a=\angle c=$ ⑤， $\angle b=\angle d=$ ⑥

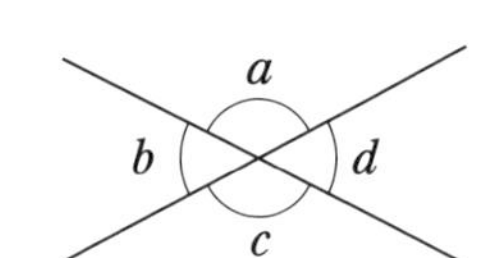

2

□ 三角形の3つの内角の和は ⑦ である。

□ 右の図で，$\angle x$ の大きさは ⑧ である。
★$115°=\angle x+80°$ より求める。

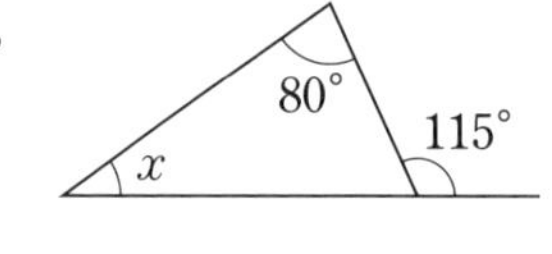

□ 十一角形の内角の和は ⑨ である。
★$180°\times(11-2)$ を使って求める。

□ 十二角形の外角の和は ⑩ である。
★多角形の外角の和は360°である。

①______
②______
③______
④______
⑤______
⑥______
⑦______
⑧______
⑨______
⑩______

答 ①c ②d ③a ④c ⑤70° ⑥110° ⑦180° ⑧35° ⑨1620° ⑩360°

解答 p.10

基礎力UP テスト対策問題

1 平行線と角　右の図において，$\ell /\!/ m$ とします。

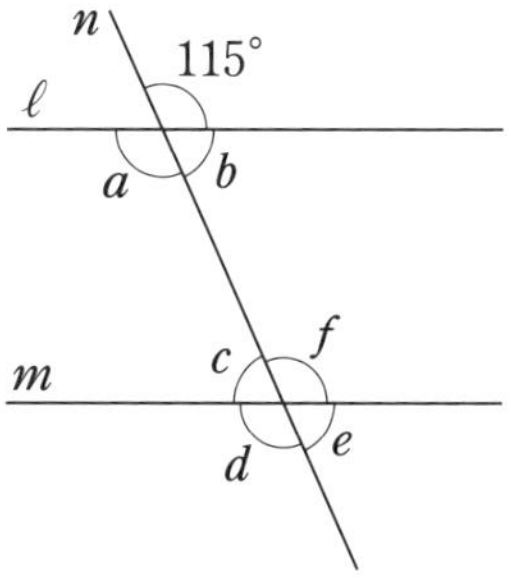

(1) $\angle a$ の同位角を答えなさい。

(2) $\angle b$ の錯角を答えなさい。

(3) $\angle c$ の対頂角を答えなさい。

(4) $\angle a$，$\angle b$，$\angle c$，$\angle d$，$\angle e$，$\angle f$ の大きさを求めなさい。

2 多角形の内角の和　右の図は五角形です。

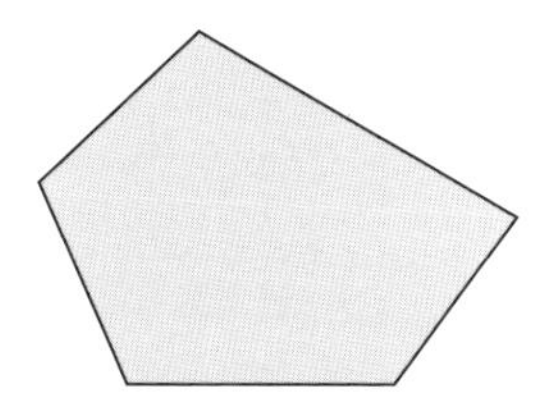

(1) 1つの頂点からひける対角線は何本ですか。

(2) (1)の対角線によって，何個の三角形に分けられますか。

(3) 五角形の内角の和を求めなさい。

3 多角形の内角と外角　次の問いに答えなさい。

(1) 七角形の内角の和を求めなさい。

(2) 正八角形の1つの内角の大きさを求めなさい。

(3) 九角形の外角の和を求めなさい。

(4) 正十角形の1つの外角の大きさを求めなさい。

テスト対策ナビ

ポイント

平行線の性質
1 同位角は等しい。
2 錯角は等しい。

2 (3) n 角形は1つの頂点からひいた対角線によって $(n-2)$ 個の三角形に分けられるので，内角の和は $180^\circ \times (n-2)$ で求めることができる。

絶対に覚える!

■ n 角形の内角の和
➡ $180^\circ \times (n-2)$
■ 多角形の外角の和
➡ 360°

正多角形の1つの内角，1つの外角の大きさは，すべて等しいね。

テストに出る！
予想問題 ①
4章 図形の性質と合同
1 平行線と角

20分　/9問中

1 対頂角　次の問いに答えなさい。

(1) $\angle a$ の対頂角はどれですか。

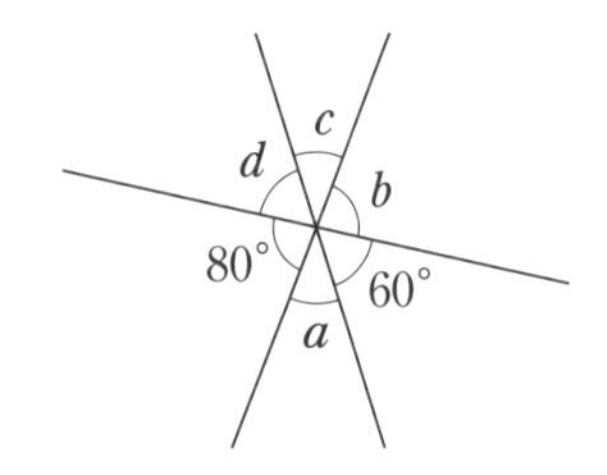

(2) $\angle a$, $\angle b$, $\angle c$, $\angle d$ の大きさを求めなさい。

2 同位角と錯角　右の図において，$\ell /\!/ m$ とします。

(1) $\angle a$ の同位角，錯角はどれですか。

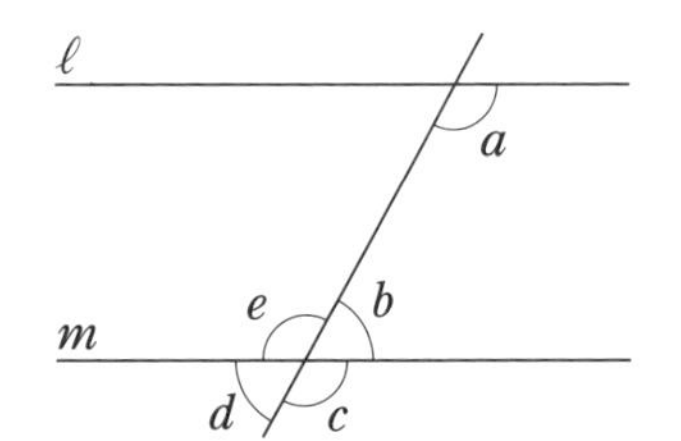

(2) $\angle a=120°$ のとき，$\angle b$, $\angle c$, $\angle d$, $\angle e$ の大きさを求めなさい。

3 平行線と角　次の問いに答えなさい。

(1) 平行な2直線を選び，記号 $/\!/$ を使って示しなさい。

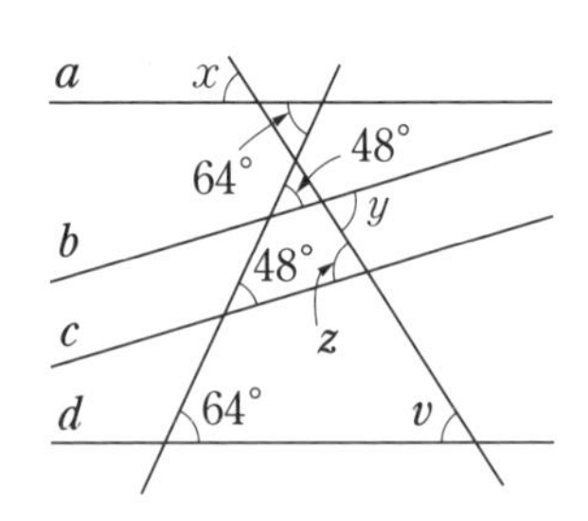

(2) $\angle x$, $\angle y$, $\angle z$, $\angle v$ のうち，等しい角の組を答えなさい。

4 よく出る　平行線と角　次の図において，$\ell /\!/ m$ のとき，$\angle x$ の大きさを求めなさい。

(1)

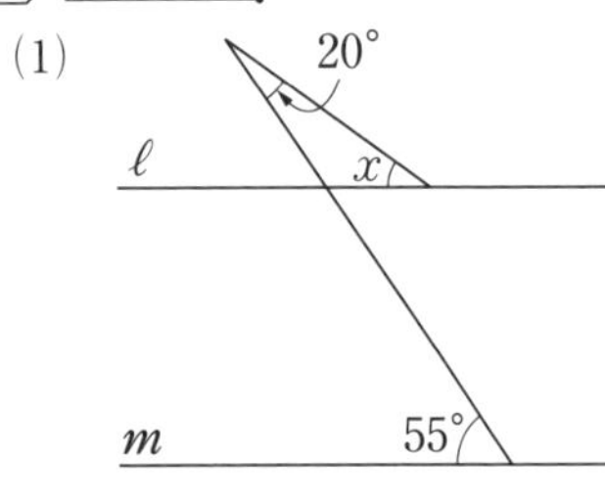

(2)

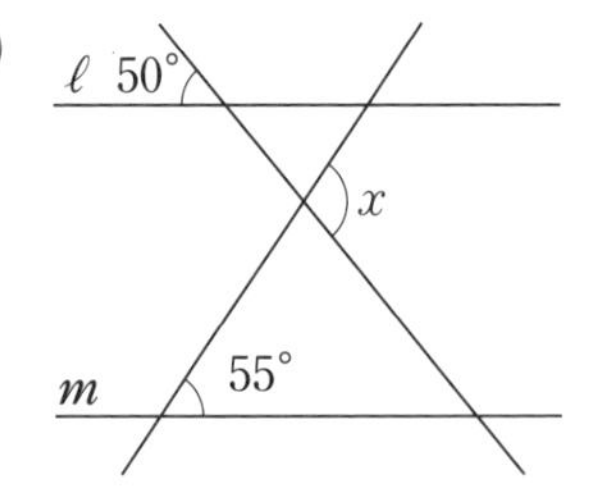

(3)

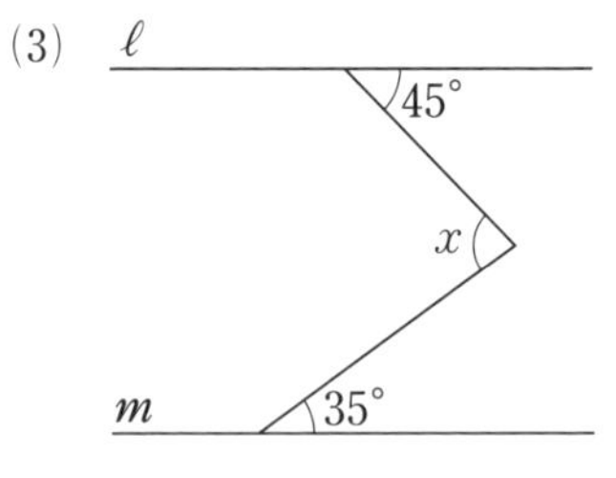

2 $\ell /\!/ m$ のとき，同位角は等しいから，$\angle a=\angle c$ である。

3 (1) 同位角または錯角が等しければ，2直線は平行である。

解答 p.10

テストに出る！

予想問題 ❷

4章 図形の性質と合同

1 平行線と角

🕓20分

/9問中

1 多角形の外角の和　右の図は六角形です。

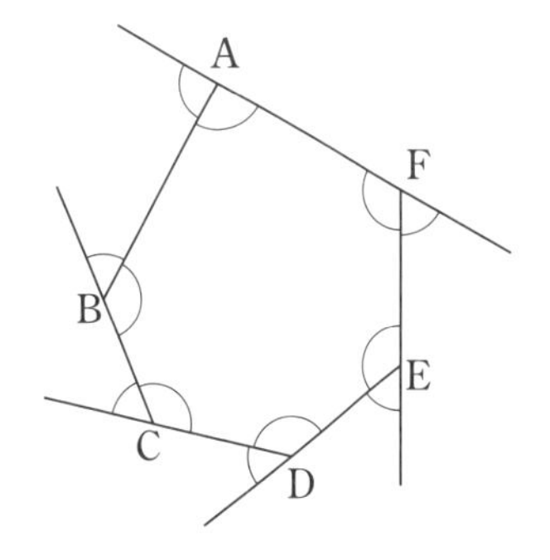

(1) 頂点Aについて，内角と外角の和は何度になりますか。

(2) 6つの頂点の内角と外角の和をすべて加えると何度になりますか。

(3) (2)で求めた内角と外角の和から六角形の内角の和をひいて，六角形の外角の和を求めなさい。ただし，n 角形の内角の和が $180°\times(n-2)$ であることを使ってもよい。

2 多角形の内角と外角　次の問いに答えなさい。

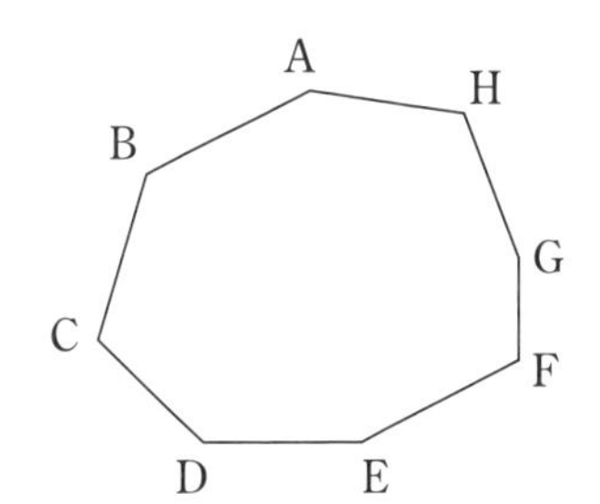

(1) 右の図のように，A，B，C，D，E，F，G，H を頂点とする多角形があります。この多角形の内角の和を求めなさい。

(2) 内角の和が 1440° である多角形は何角形か求めなさい。

(3) 1つの外角が 45° である正多角形は正何角形か求めなさい。

3 よく出る　多角形の内角と外角　次の図で，$\angle x$ の大きさを求めなさい。

(1)

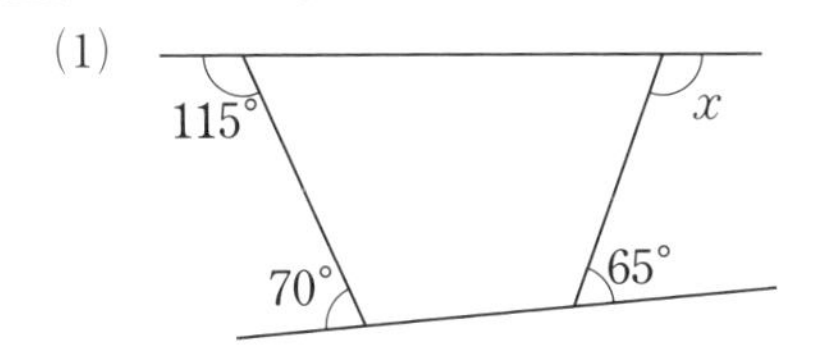

(2)

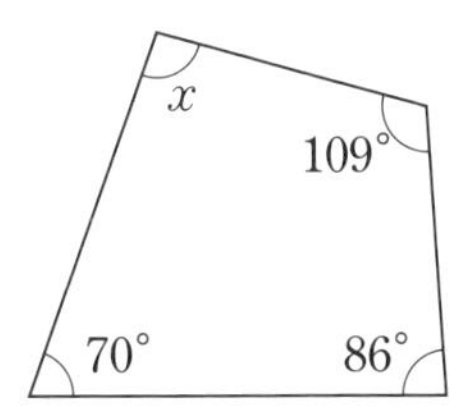

(3)

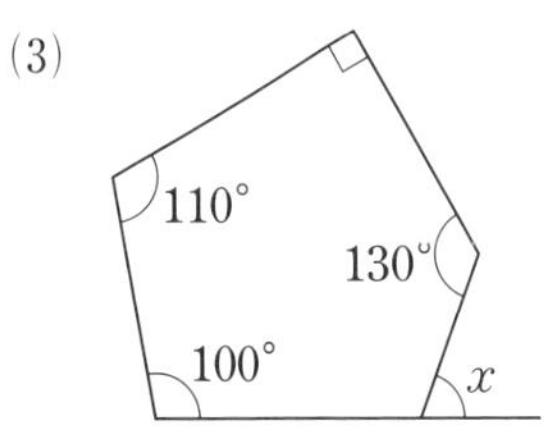

1 (3) 六角形の内角の和が $180°\times(6-2)$ であることを利用して，六角形の外角の和を導く。

2 (2) $180°\times(n-2)=1440°$ として，n についての方程式を解く。

2 三角形の合同　3 証明

テストに出る！ 教科書のココが要点

さらっとまとめ（赤シートを使って，□に入るものを考えよう。）

1 合同な図形 教 p.122〜p.123

・2つの［合同］な図形は，その一方を移動して，他方にぴったりと重ねることができる。

・△ABC と △A′B′C′ が合同であるとき，△ABC［≡］△A′B′C′ と表す。
このとき，対応する［頂点］を周にそって順に並べて書く。

・合同な図形では，対応する［線分の長さ］や対応する［角の大きさ］はそれぞれ等しい。

2 三角形の合同条件 教 p.124〜p.127

1 ［3組の辺］がそれぞれ等しい。
2 ［2組の辺とその間の角］がそれぞれ等しい。
3 ［1組の辺とその両端の角］がそれぞれ等しい。

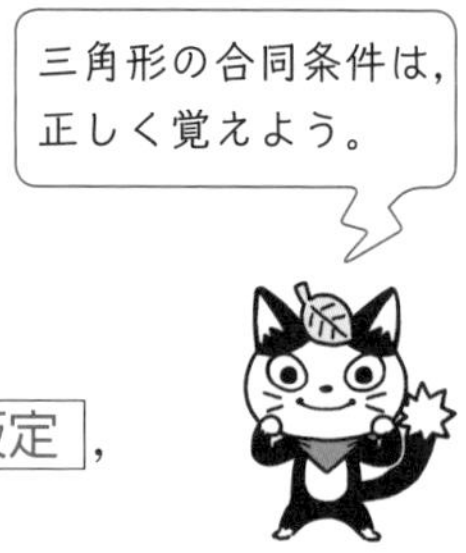
三角形の合同条件は，
正しく覚えよう。

3 証明のしくみ 教 p.128〜p.132

・「○○○ ならば △△△」ということがらでは，○○○の部分を［仮定］，
△△△の部分を［結論］という。

スピード確認（□に入るものを答えよう。答えは，下にあります。）

1
□ 右の図で，△ABC と △A′B′C′ が合同であるとき，△ABC［①］△A′B′C′ と表し，対応する線分は
AB＝A′B′，BC＝［②］，CA＝［③］，
対応する角は ∠A＝∠A′，∠B＝∠［④］，∠C＝∠［⑤］である。

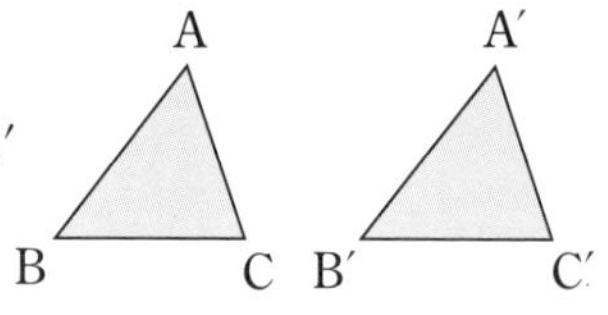
A
B
C
A′
B′
C′

2
□ 右の図において，△ABC≡［⑥］が成り立つ。その合同条件は「［⑦］がそれぞれ等しい」である。
★記号≡を使うときは，対応する頂点を周にそって順に並べて書く。

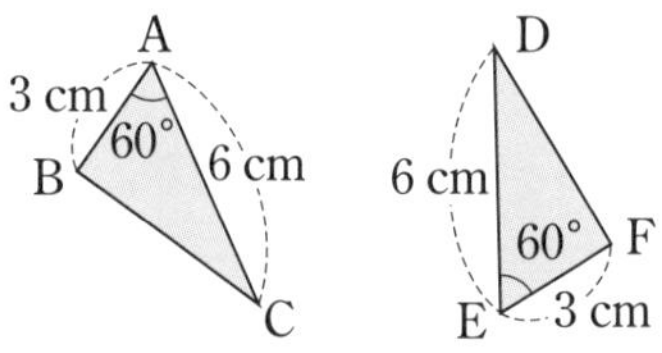
A
3 cm
60°
6 cm
B
C
D
6 cm
60°
F
E
3 cm

□ 右の図において，△GHI≡［⑧］が成り立つ。その合同条件は「［⑨］がそれぞれ等しい」である。

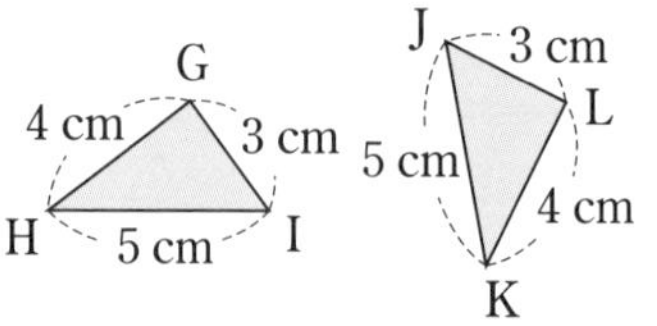
G
4 cm
3 cm
H
5 cm
I
J
3 cm
L
5 cm
4 cm
K

3
□「xが 8 の倍数 ならば xは 4 の倍数」ということがらでは，xが 8 の倍数の部分を［⑩］，xは 4 の倍数の部分を［⑪］という。

①＿＿＿
②＿＿＿
③＿＿＿
④＿＿＿
⑤＿＿＿
⑥＿＿＿
⑦＿＿＿
⑧＿＿＿
⑨＿＿＿
⑩＿＿＿
⑪＿＿＿

答 ①≡　②B′C′　③C′A′　④B′　⑤C′　⑥△EFD
⑦2組の辺とその間の角　⑧△LKJ　⑨3組の辺　⑩仮定　⑪結論

解答 p.10

基礎力UP テスト対策問題

1 合同な図形　右の図の2つの四角形は合同です。

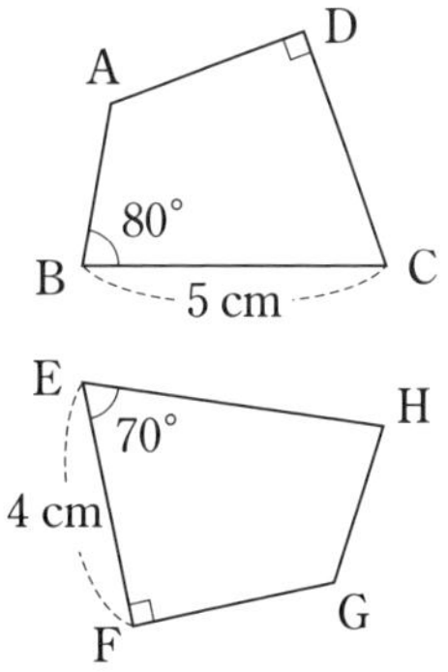

(1)　2つの四角形が合同であることを，記号≡を使って表しなさい。

(2)　辺CD，辺EHの長さをそれぞれ求めなさい。

(3)　∠C，∠Gの大きさをそれぞれ求めなさい。

(4)　対角線AC，対角線FHに対応する対角線をそれぞれ求めなさい。

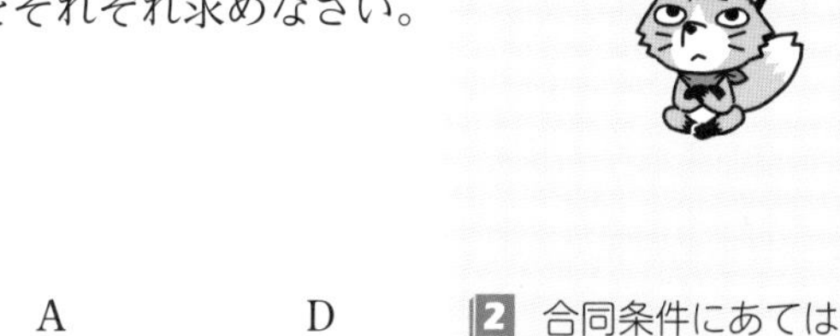

2 三角形の合同条件　右の△ABCと△DEFにおいて，条件 AB＝DE, BC＝EF が与えられているとき，あと1つ何が等しいことがわかると，△ABC≡△DEF になるか答えなさい。つけ加える条件を1つ答えなさい。また，そのとき使った合同条件を答えなさい。

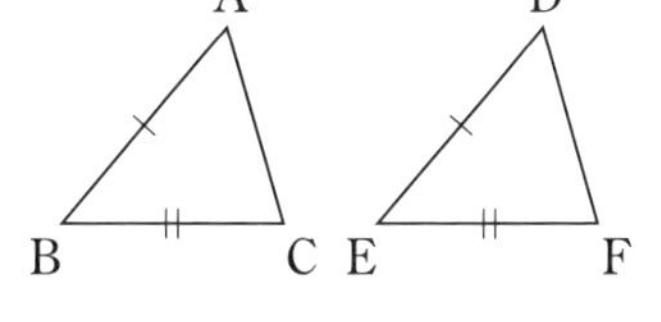

3 仮定と結論　次のことがらの仮定と結論をそれぞれ答えなさい。

(1)　△ABC≡△DEF ならば ∠B＝∠E である。

(2)　x が4の倍数 ならば x は偶数である。

(3)　一の位の数が5である整数は5の倍数である。

テスト対策ナビ

ミス注意！
合同な図形を記号≡を使って表すとき，対応する頂点を周にそって順に並べて書く。

1 (4)　合同な図形では，対応する対角線の長さも等しくなる。

対角線だけではなく，高さも等しくなるよ。

2 合同条件にあてはめて考える。

絶対に覚える！
○○○ならば△△△
仮定　結論

テストに出る！

予想問題 ① 4章 図形の性質と合同 2 三角形の合同

20分 /6問中

1 よく出る 三角形の合同条件　次の図において，合同な三角形を 3 組見つけ出し，記号 ≡ を使って表しなさい。また，そのとき使った合同条件を答えなさい。

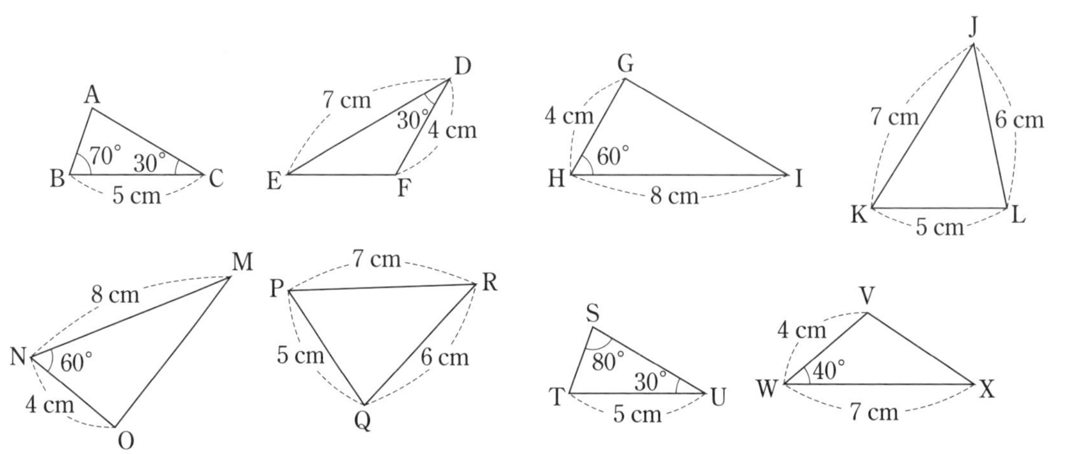

2 三角形の合同条件　次の図において，合同な三角形を見つけ出し，記号 ≡ を使って表しなさい。また，そのとき使った合同条件を答えなさい。ただし，それぞれの図で，同じ記号がついた辺や角は等しいものとします。

(1)
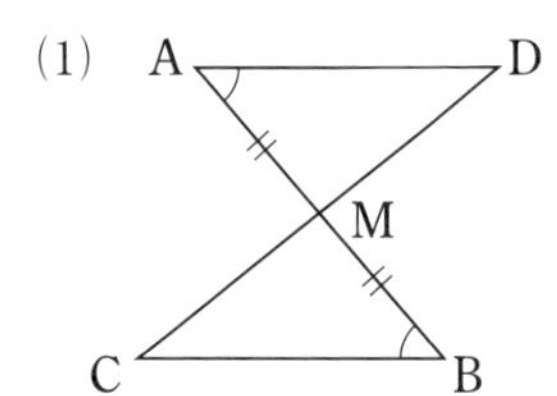

(2)
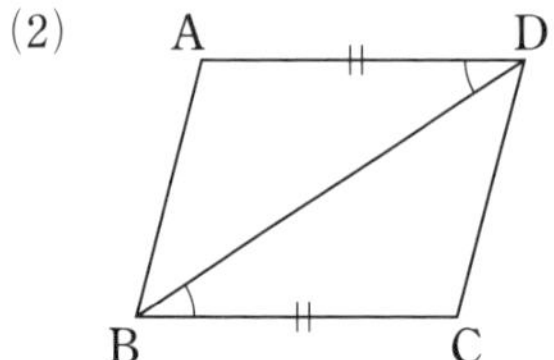

(3)
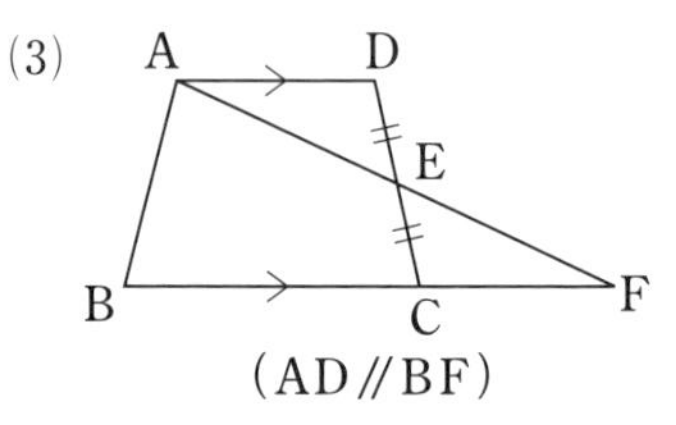

1 合同な図形の頂点は，周にそって対応する順に並べて書く。
2 対頂角が等しいことや，共通な辺に注目する。

テストに出る！

予想問題 ❷　4章 図形の性質と合同　3 証明

20分　/3問中

1 証明　次の図において，AB＝CD，AB∥CD ならば AD＝CB となることを証明します。

(1) このことがらの仮定と結論を答えなさい。

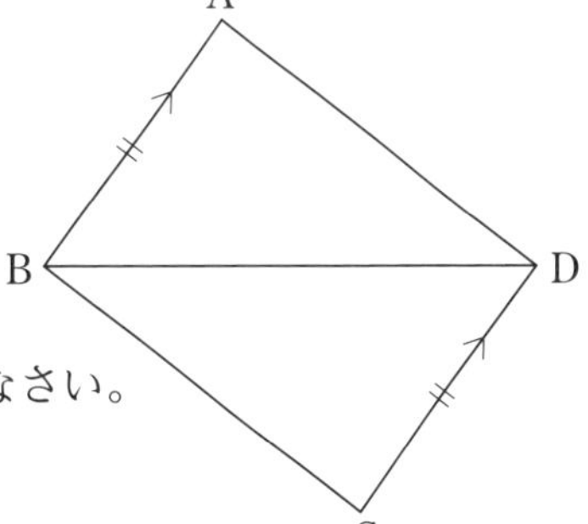

(2) 次の空らんをうめて証明を完成させなさい。

ただし，㋑，㋓，㋕，㋖には，根拠となることがらを書きなさい。

〔証明〕 △ABD と △CDB において，

仮定から　AB＝㋐[　　]　… ①

㋑[　　　　]だから，BD＝㋒[　　]　… ②

平行線の㋓[　　　　]は等しいから，

∠ABD＝㋔[　　]　… ③

①，②，③より，㋕[　　　　]がそれぞれ等しいから，

△ABD≡△CDB

合同な図形では㋖[　　　　]は等しいから，

AD＝㋗[　　]

2 よく出る　証明　右の図において，AB＝AC，AE＝AD ならば，∠ABE＝∠ACD であることを証明しなさい。

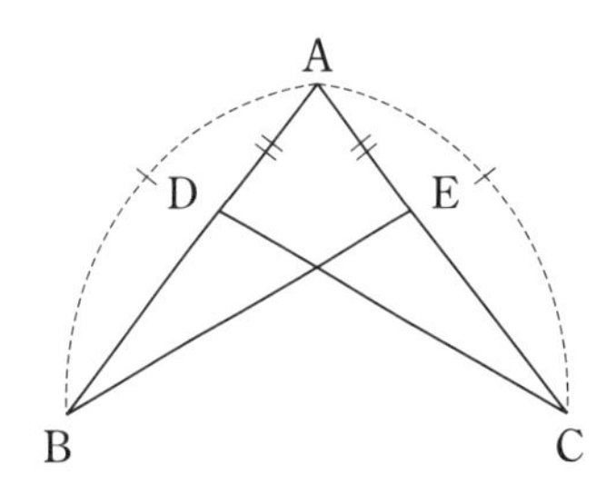

1 AD と CB が対応する辺になる △ABD と △CDB の合同を示し，結論を導く。

2 △ABE と △ACD の合同を示すために，共通な角を見つける。

テストに出る！

章末予想問題　4章　図形の性質と合同

30分

/100点

1 右の図について，次の問いに答えなさい。　5点×4〔20点〕

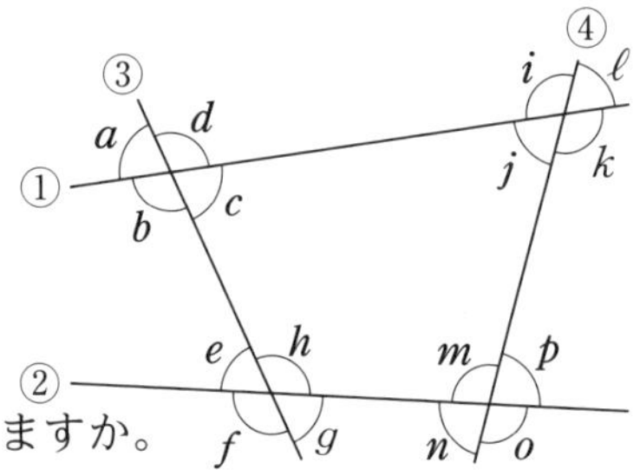

(1) $\angle e$ の同位角を答えなさい。

(2) $\angle j$ の錯角を答えなさい。

(3) 直線①，②が平行であるとき，$\angle c+\angle h$ は何度になりますか。

(4) $\angle c=\angle i$ のとき，$\angle g$ と大きさが等しい角をすべて答えなさい。

2 次の図において，$\angle x$ の大きさを求めなさい。　6点×6〔36点〕

(1)

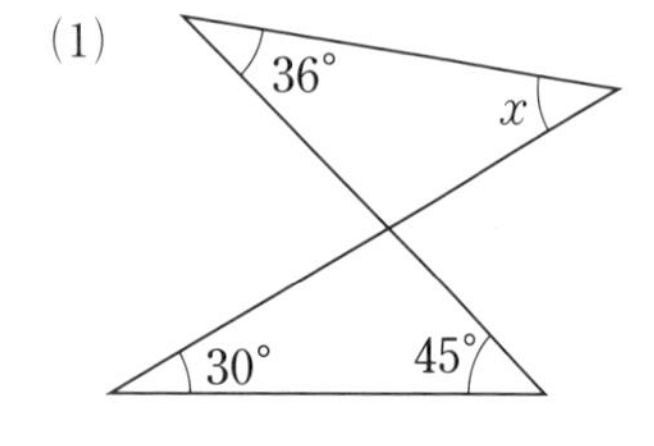

(2)

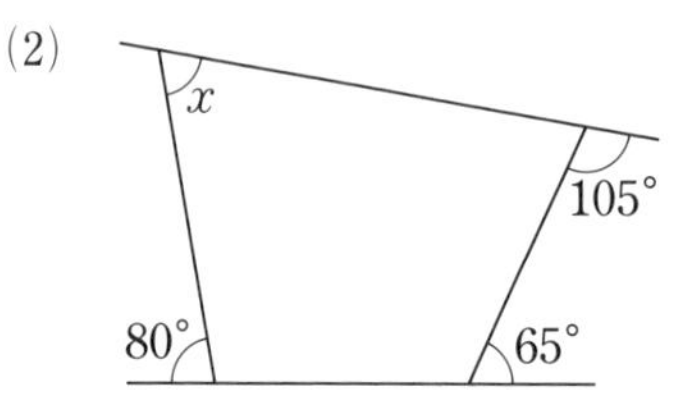

(3)

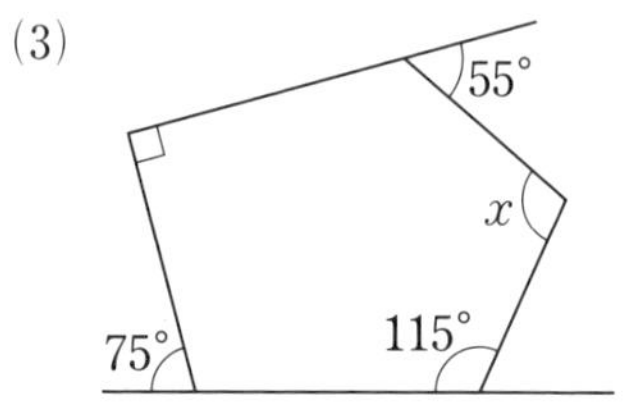

(4) $\ell /\!/ m$

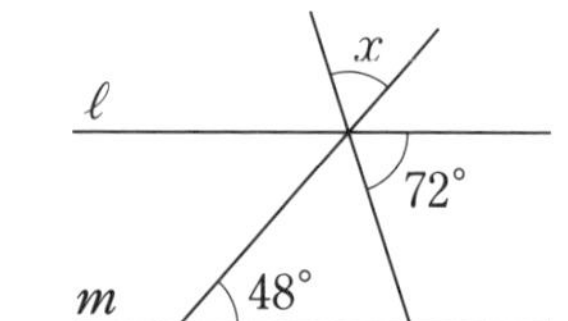

(5) $\ell /\!/ m$

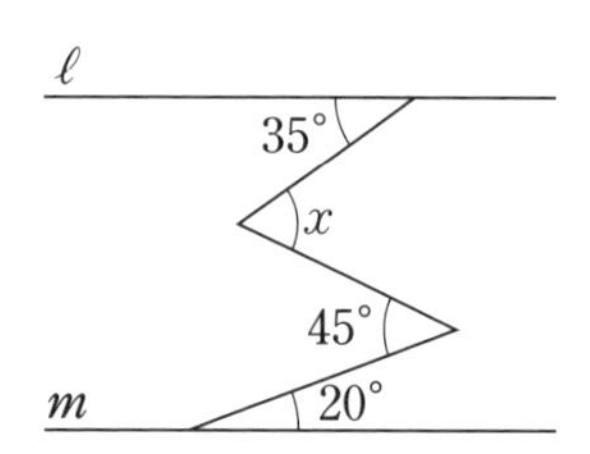

(6)

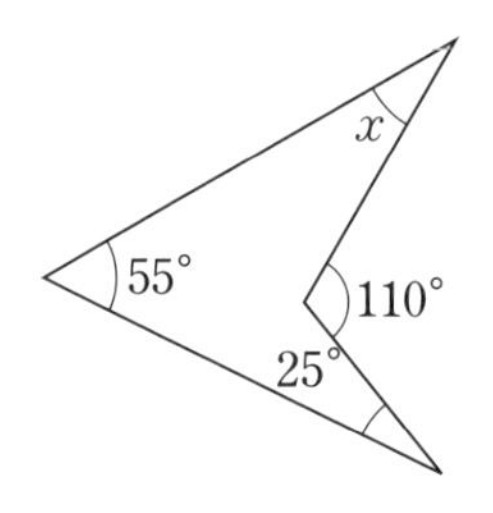

3 次の問いに答えなさい。　5点×2〔10点〕

(1) 正九角形の1つの外角の大きさを求めなさい。

(2) 内角の和が1800°である多角形は何角形ですか。

解答 p.11

満点ゲット作戦

三角形の合同条件は，「3組の辺」，「2組の辺とその間の角」「1組の辺とその両端の角」の3つある。

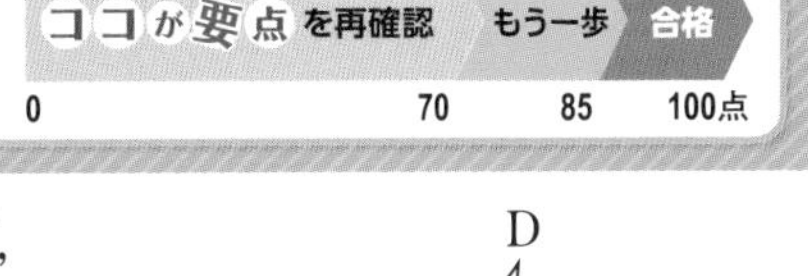

4 右の図において，AC＝AE，∠ACB＝∠AED ならば，BC＝DE となることを，次のように証明しました。空らんをうめて証明を完成させなさい。ただし，(4)，(5)には，根拠となることがらを書きなさい。　5点×5〔25点〕

〔証明〕　△ABC と (1) ＿＿＿ において，

仮定から　　AC＝(2) ＿＿＿　　… ①

∠ACB＝(3) ＿＿＿　　… ②

共通な角だから，

∠BAC＝∠DAE　　… ③

①，②，③より，(4) ＿＿＿ がそれぞれ等しいから，

△ABC≡(1) ＿＿＿

合同な図形では (5) ＿＿＿ は等しいから，BC＝DE

5 差がつく　右の図において，AC＝DB，∠ACB＝∠DBC ならば，AB＝DC となることを証明しなさい。　〔9点〕

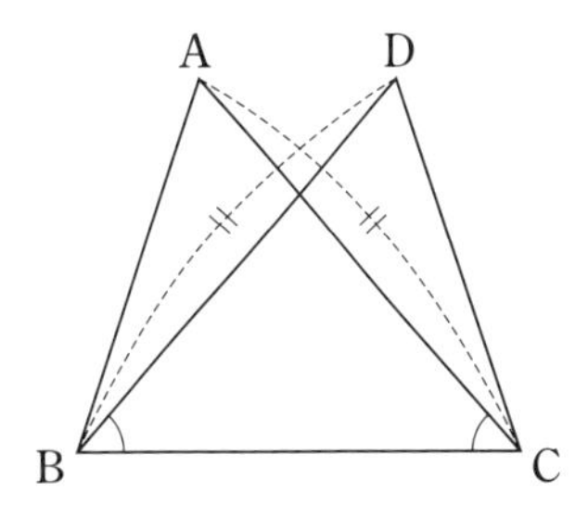

1	(1)	(2)	(3)	(4)
2	(1)	(2)	(3)	
	(4)	(5)	(6)	
3	(1)	(2)		
4	(1)	(2)	(3)	
	(4)	(5)		
5				

1	**2**	**3**	**4**	**5**
/20点	/36点	/10点	/25点	/9点

5章 三角形と四角形

1 三角形

テストに出る！ 教科書のココが要点

さらっとまとめ（赤シートを使って，□に入るものを考えよう。）

1 二等辺三角形 教 p.140～p.144

・用語や記号の意味をはっきり述べたものを［定義］という。

・二等辺三角形の定義…［2辺］が等しい三角形

・二等辺三角形において，等しい辺の間の角を［頂角］，
頂角に対する辺を［底辺］，底辺の両端の角を［底角］という。

・証明されたことがらのうち，よく使われるものを［定理］という。

・二等辺三角形の性質［定理］ 1 ［2つの底角］は等しい。
2 頂角の二等分線は，底辺を［垂直に2等分］する。

・二等辺三角形になるための条件［定理］ ［2つの角］が等しい三角形は，二等辺三角形である。

二等辺三角形
頂角
底角　底角
底辺

2 正三角形 教 p.145

・正三角形の定義…［3辺］が等しい三角形

・正三角形の性質［定理］ ［3つの角］は等しい（内角はすべて［60°］である）。

3 直角三角形 教 p.146～p.148

・直角三角形において，直角に対する辺を［斜辺］という。

・直角三角形の合同条件［定理］ 1 斜辺と［1つの鋭角］がそれぞれ等しい。
2 斜辺と［他の1辺］がそれぞれ等しい。

4 ことがらの逆と反例 教 p.150～p.151

・あることがらの仮定と結論を入れかえたものを，もとのことがらの［逆］という。

スピード確認（□に入るものを答えよう。答えは，下にあります。）

1

□ 右の AB＝AC の二等辺三角形 ABC において，AD は頂角の二等分線とする。

(1) 二等辺三角形の2つの［①］は等しいから，∠C の大きさは［②］

(2) 頂角の二等分線は，底辺に垂直だから，∠ADB の大きさは［③］
$\angle BAD=180^\circ-(90^\circ+［④］)=［⑤］$

(3) 頂角の二等分線は，底辺を2等分するから，
$BD=\frac{1}{2}BC=［⑥］$ cm

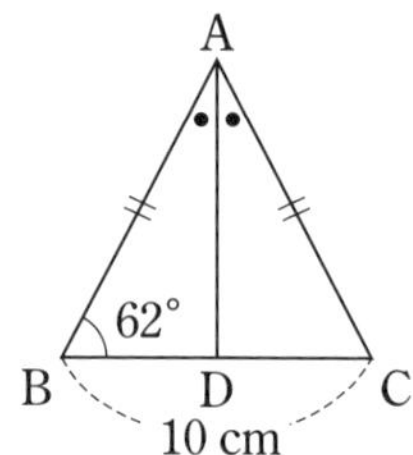

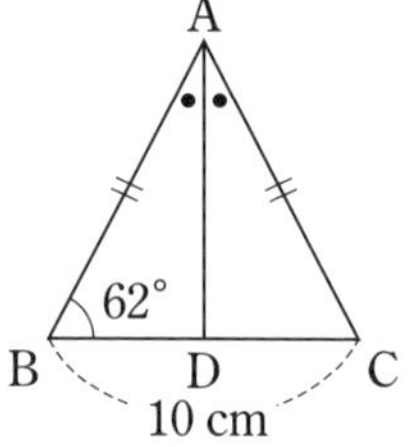

①＿＿＿＿
②＿＿＿＿
③＿＿＿＿
④＿＿＿＿
⑤＿＿＿＿
⑥＿＿＿＿

答 ①底角　②62°　③90°　④62°　⑤28°　⑥5

基礎力UP テスト対策問題

1 二等辺三角形の性質　次の図において，同じ記号がついた辺や角は等しいものとして，$\angle x$ の大きさを求めなさい。

(1)
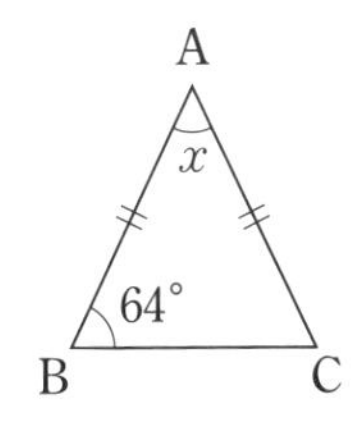

(2)
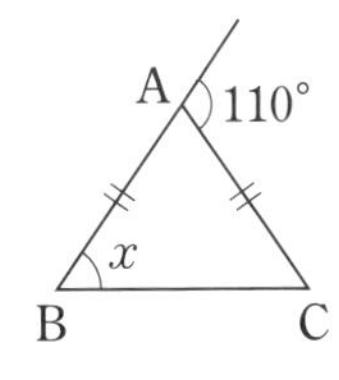

(3)
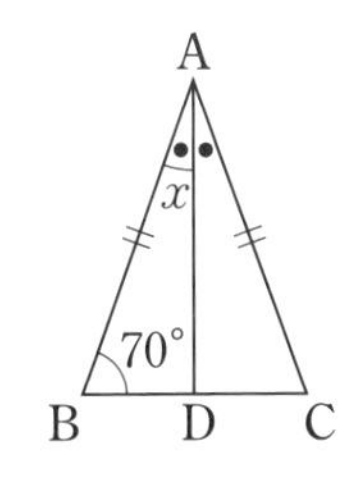

2 二等辺三角形になるための条件　右の図の △ABC において，AB＝AC，BD＝CE のとき，△ADE は二等辺三角形となることを，次のように証明しました。空らんをうめて証明を完成させなさい。

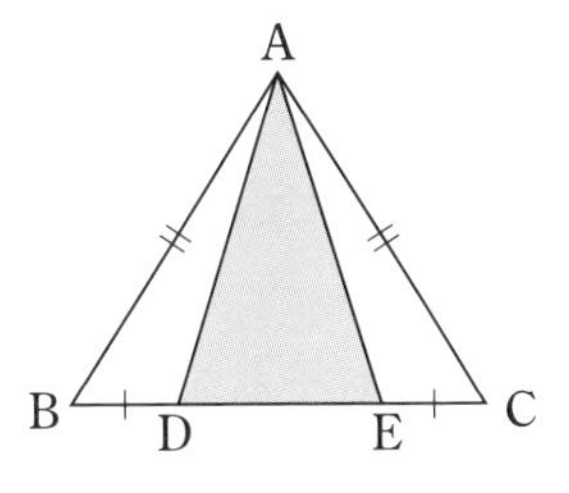

〔証明〕　△ABD と △㋐［　　　］において，

仮定から　　AB＝㋑［　　　］　… ①

BD＝㋒［　　　］　… ②

二等辺三角形 ABC の 2 つの底角は等しいから，

∠ABD＝∠㋓［　　　］　… ③

①，②，③より，㋔［　　　　　　］がそれぞれ等しいから，

△ABD≡△㋕［　　　］

合同な図形では対応する辺の長さは等しいから，AD＝AE

2 辺が等しいので，△ADE は二等辺三角形である。

3 直角三角形の合同条件　次の図において，合同な直角三角形を 2 組見つけ出し，記号 ≡ を使って表しなさい。また，そのとき使った直角三角形の合同条件を答えなさい。

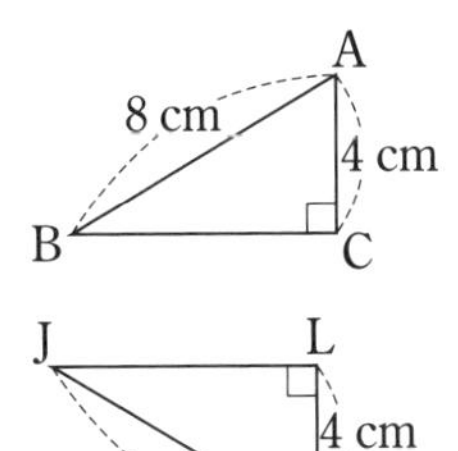

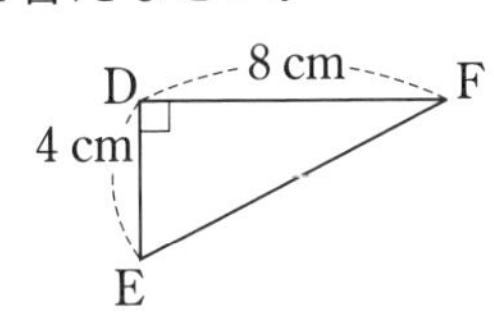

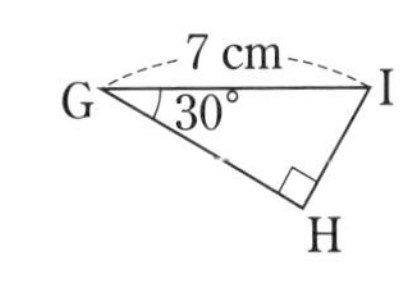

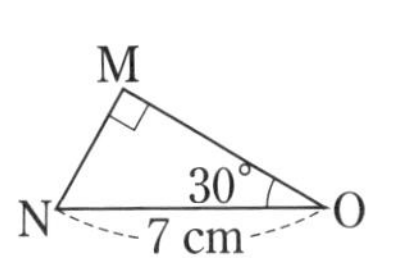

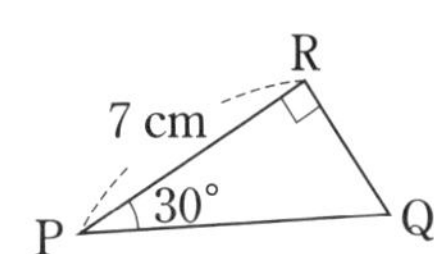

絶対に覚える！

- 二等辺三角形の 2 つの底角は等しい。
- 二等辺三角形の頂角の二等分線は，底辺を垂直に 2 等分する。

2 △ABC は二等辺三角形なので，2 つの底角は等しい。

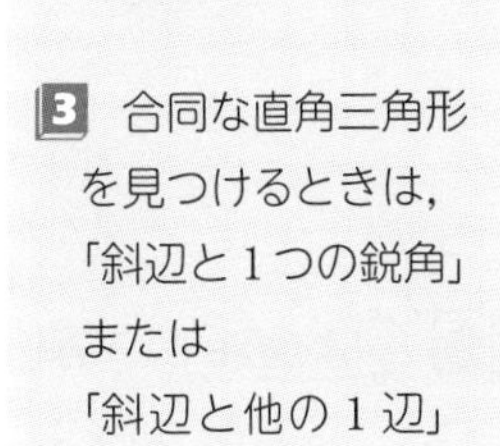
3 合同な直角三角形を見つけるときは，「斜辺と 1 つの鋭角」または「斜辺と他の 1 辺」が等しいかを調べる。

解答 p.12

テストに出る！
予想問題 ❶

5章 三角形と四角形
1 三角形

20分

/6問中

1 二等辺三角形の性質　右の図の △ABC において，AD＝BD＝CD のとき，次の角の大きさを求めなさい。

(1) ∠ADB　　　(2) ∠ABC

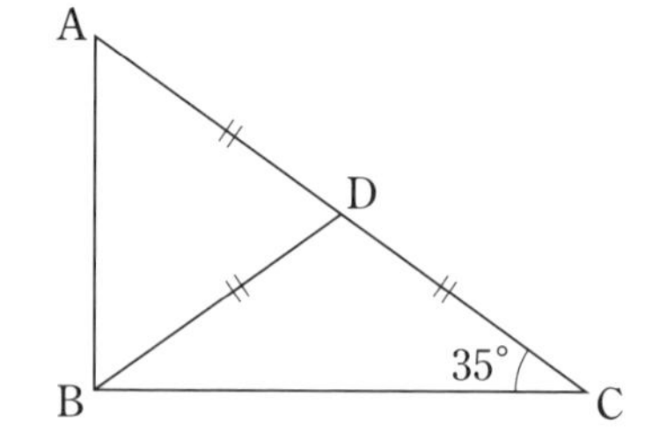

2 二等辺三角形の頂角の二等分線　右の図の △ABC において，AB＝BC，∠B の二等分線と辺 AC との交点を D とします。

(1) $\angle x$ と $\angle y$ の大きさをそれぞれ求めなさい。

(2) AD の長さを求めなさい。

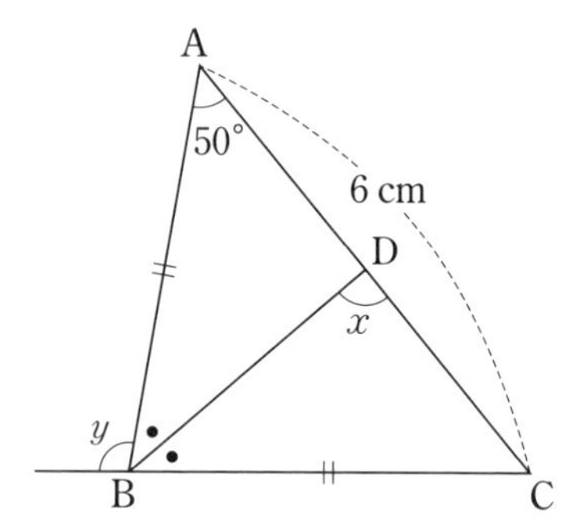

3 二等辺三角形になるための条件　右の図の二等辺三角形 ABC において，2つの底角のそれぞれの二等分線の交点を P とするとき，△PBC は二等辺三角形であることを証明しなさい。

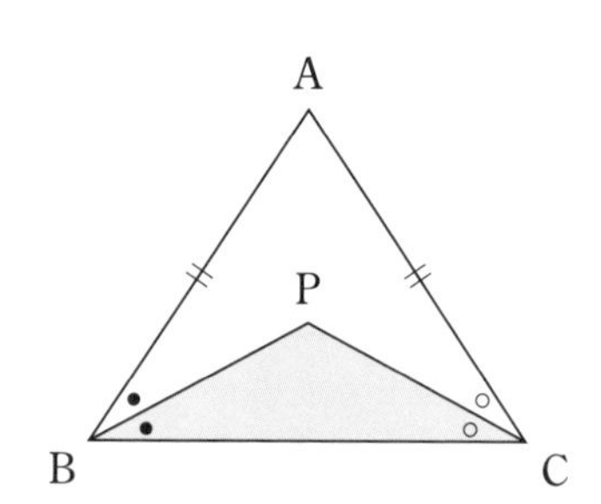

4 よく出る　二等辺三角形になるための条件　右の図のように，長方形 ABCD を対角線 BD で折り返したとき，重なった部分の △FBD は二等辺三角形であることを証明しなさい。

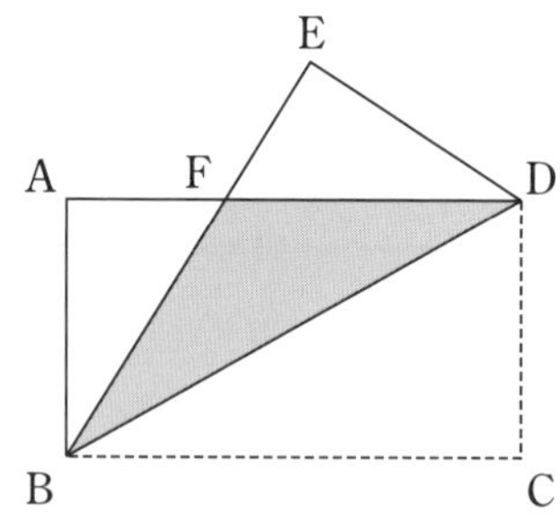

3 2つの角が等しい三角形は，二等辺三角形であることを使う。

4 長方形 ABCD は，AD∥BC であることを利用して，2つの角が等しいことを導く。

テストに出る！

予想問題 ❷　5章 三角形と四角形　1 三角形

🕓20分　/6問中

1 直角三角形の合同条件　右の図において，△ABC は AB＝AC の二等辺三角形です。頂点 B，C から辺 AC，AB に垂線 BD，CE をそれぞれひきます。

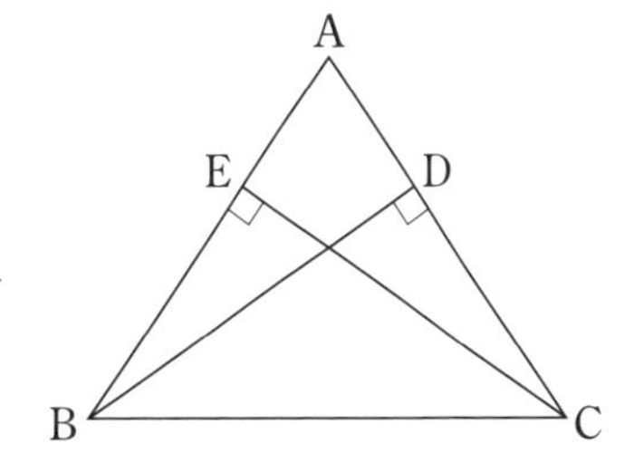

(1) AD＝AE を証明するには，どの三角形とどの三角形が合同であることを示せばよいですか。

(2) BE＝CD を証明するには，どの三角形とどの三角形が合同であることを示せばよいですか。また，そのときに使う直角三角形の合同条件を答えなさい。

2 よく出る　直角三角形の合同条件　右の図のように，∠AOB の二等分線上に点 P があります。点 P から半直線 OA，OB に垂線 PC，PD をそれぞれひきます。このとき，PC＝PD であることを証明しなさい。

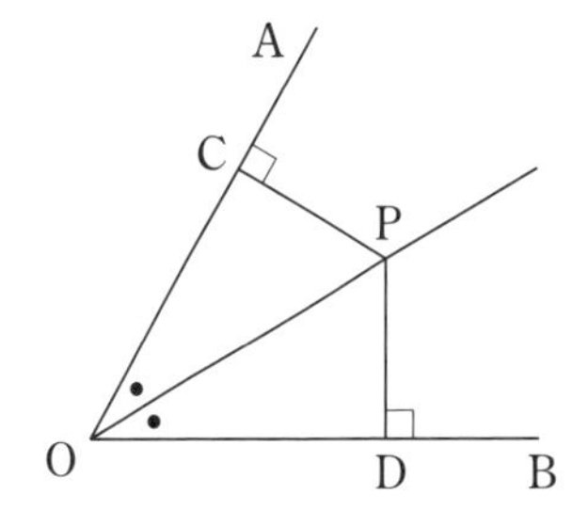

3 ことがらの逆と反例　次のことがらの逆を答えなさい。また，それが正しいかどうかも答え，正しくない場合は反例を 1 つあげなさい。

(1) $a=4$，$b=3$ ならば $a+b=7$ である。

(2) 2 直線に 1 つの直線が交わるとき，2 直線が平行 ならば 同位角は等しい。

(3) 二等辺三角形の 2 つの角は等しい。

3 あることがらの逆は，仮定と結論を入れかえたものである。
正しくないときは，反例を 1 つ示せばよい。

2 四角形

テストに出る! 教科書のココが要点

さらっとまとめ (赤シートを使って，□に入るものを考えよう。)

1 平行四辺形 教 p.153～p.160

・平行四辺形の定義…［2組の対辺］がそれぞれ［平行］な四角形

・平行四辺形の性質[定理] [1] 2組の［対辺］はそれぞれ等しい。
[2] 2組の［対角］はそれぞれ等しい。
[3] ［対角線］はそれぞれの［中点］で交わる。

・平行四辺形になるための条件[定理]
四角形は，平行四辺形の定義，平行四辺形の性質[1]～[3]のどれか，または「1組の対辺が［平行］でその長さが［等しい］」が成り立つとき平行四辺形である。

2 特別な平行四辺形 教 p.162～p.164

・長方形の定義…［4つの角］が［等しい］四角形
・ひし形の定義…［4つの辺］が［等しい］四角形
・正方形の定義…［4つの角］が［等しく］，［4つの辺］が［等しい］四角形
・特別な平行四辺形の対角線の性質[定理]
長方形の対角線→［長さ］が等しい。
ひし形の対角線→［垂直］に交わる。
正方形の対角線→［長さ］が等しく，［垂直］に交わる。

3 面積が等しい三角形 教 p.165～p.166

・底辺を共有する三角形は，高さが等しければ［面積］も等しい。

スピード確認 (□に入るものを答えよう。答えは，下にあります。)

1

□ 右の▱ABCDについて答えなさい。
(1) 平行四辺形の対辺は等しいから，
BC＝AD＝［①］cm
(2) 平行四辺形の対角は等しいから，
∠BCD＝∠BAD＝［②］
(3) 平行四辺形の対角線はそれぞれの［③］で交わるから，
BO＝DO＝［④］cm

A 6 cm D
120°
10 cm
O
B C

①
②
③
④
⑤

□ 次の四角形ABCDで，必ず平行四辺形になるものは［⑤］である。
ただし，四角形ABCDの対角線の交点をOとする。
㋐ AB∥DC，AB＝DC　㋑ AB∥DC，AD＝BC　㋒ AO＝CO，BO＝DO

答 ①6 ②120° ③中点 ④5 ⑤㋐，㋒

解答 p.12

基礎力UP テスト対策問題

1 平行四辺形の性質　次の▱ABCDにおいて，x，yの値を求めなさい。また，そのときに使った平行四辺形の性質を答えなさい。

(1)

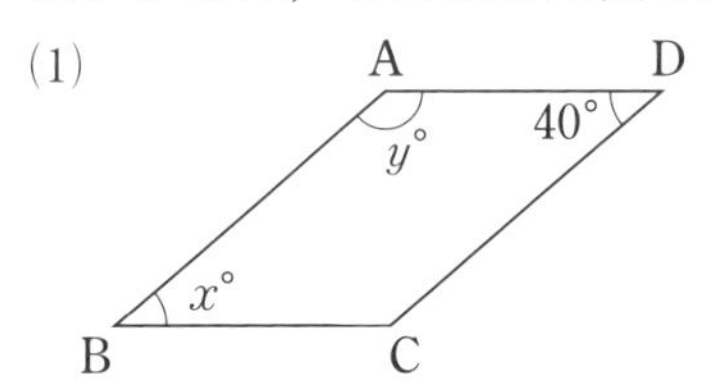

(2)

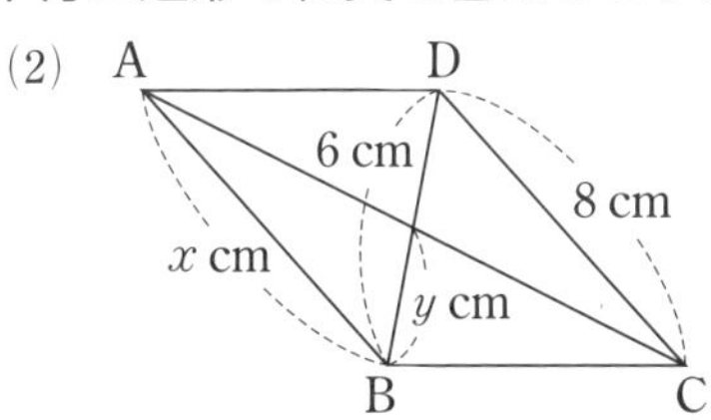

2 平行四辺形になるための条件　右の図の▱ABCDにおいて，対角線の交点をOとし，対角線BD上に，BE＝DFとなるように2点E，Fをとれば，四角形AECFは平行四辺形になることを，次のように証明しました。空らんをうめて証明を完成させなさい。

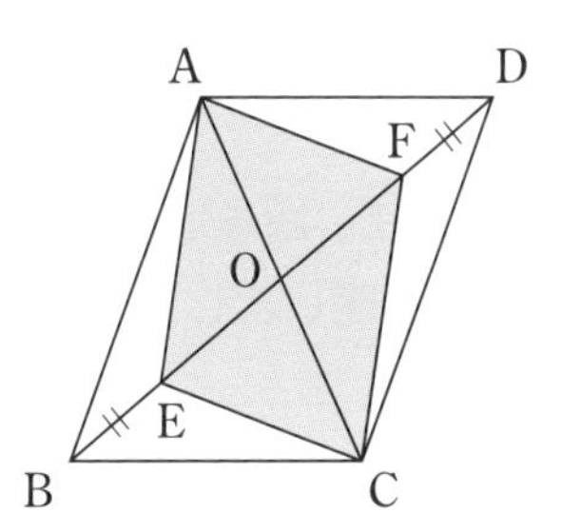

〔証明〕 平行四辺形の対角線はそれぞれの ㋐ で交わるから，

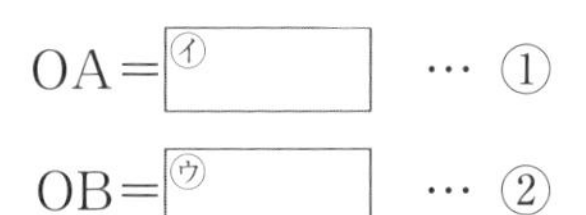

OA＝ ㋑ … ①

OB＝ ㋒ … ②

仮定から　BE＝DF … ③

②，③より，OE＝ ㋓ … ④

①，④より， ㋔ がそれぞれの ㋕ で交わるから，

四角形AECFは平行四辺形である。

3 面積が等しい三角形　▱ABCDにおいて，辺BCの中点をEとします。

(1) △AECと面積が等しい三角形を2つ答えなさい。

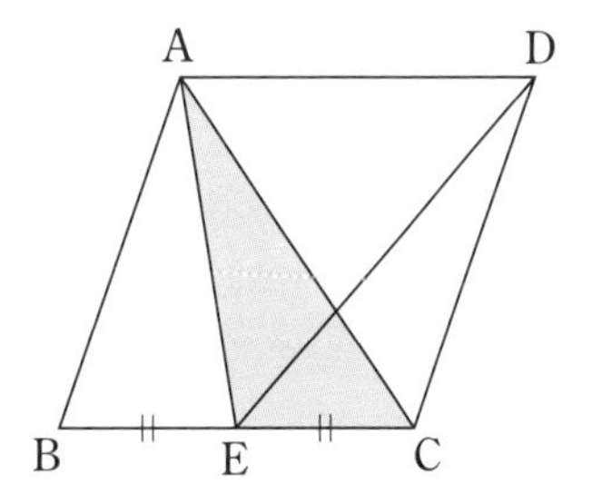

(2) △AECの面積が20 cm²のとき，▱ABCDの面積を求めなさい。

テスト対策ナビ

ポイント

四角形の向かい合う辺を対辺，向かい合う角を対角という。

1 (1) 平行四辺形の対角の大きさは等しいから，

$y°\times2+40°\times2=360°$

また，平行四辺形のとなり合う角の和は180°であることを利用することもできる。

$y°+40°=180°$

絶対に覚える！

平行四辺形になるための条件

1 2組の対辺がそれぞれ平行である。
2 2組の対辺がそれぞれ等しい。
3 2組の対角がそれぞれ等しい。
4 対角線がそれぞれの中点で交わる。
5 1組の対辺が平行でその長さが等しい。

ポイント

△AECと△DECの面積が等しいことを

△AEC＝△DEC

と書く。

テストに出る！
予想問題 ①
5章 三角形と四角形
2 四角形

20分　/5問中

1 平行四辺形の性質　右の図において，△ABC は AB＝AC の二等辺三角形です。また，点 D，E，F はそれぞれ辺 AB，BC，CA 上の点で，AC∥DE，AB∥FE とします。

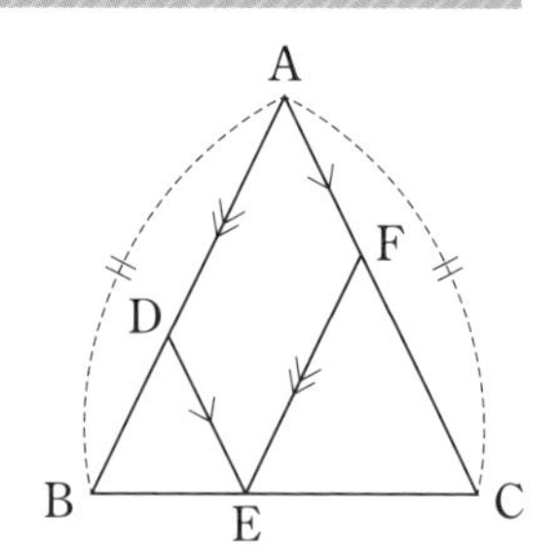

(1) ∠DEF＝52° のとき，∠C の大きさを求めなさい。

(2) DE＝3 cm，EF＝5 cm のとき，辺 AB の長さを求めなさい。

2 よく出る　平行四辺形になるための条件　右の図の ▱ABCD において，∠AEB＝∠CFD＝90° のとき，四角形 AECF は平行四辺形になることを，次のように証明しました。空らんをうめて証明を完成させなさい。

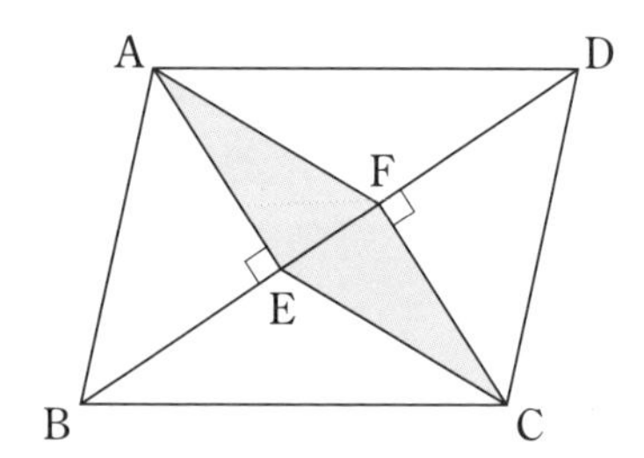

〔証明〕 △ABE と △㋐[　　] において，

仮定から　∠AEB＝∠CFD＝㋑[　　]　… ①

平行四辺形の対辺は等しいから，

AB＝㋒[　　]　… ②

AB∥DC より，平行線の錯角は等しいから，

∠ABE＝∠㋓[　　]　… ③

①，②，③より，直角三角形の㋔[　　]がそれぞれ等しいから，

△ABE≡△CDF

合同な図形では対応する辺の長さは等しいから，AE＝㋕[　　]　… ④

また，∠AEF＝∠CFE＝90° より

錯角が等しいから，AE∥㋖[　　]　… ⑤

④，⑤より，㋗[　　]が等しいから，

四角形 AECF は平行四辺形である。

3 平行四辺形になるための条件　次のような四角形 ABCD は，平行四辺形であるといえますか。ただし，四角形 ABCD の対角線の交点を O とします。

(1) ∠A＝68°，∠B＝112°，AD＝3 cm，BC＝3 cm

(2) OA＝OD＝2 cm，OB＝OC＝3 cm

1 AF∥DE，AD∥FE だから，四角形 ADEF は平行四辺形である。

2 「1組の対辺が平行でその長さが等しい」という条件に注目する。

テストに出る！
予想問題 ❷　5章 三角形と四角形 2 四角形

20分　/7問中

1 特別な平行四辺形　平行四辺形にどのような条件がつくと図のような特別な四角形になりますか，①〜④にあてはまる条件を次の㋐〜㋕の中からすべて選びなさい。

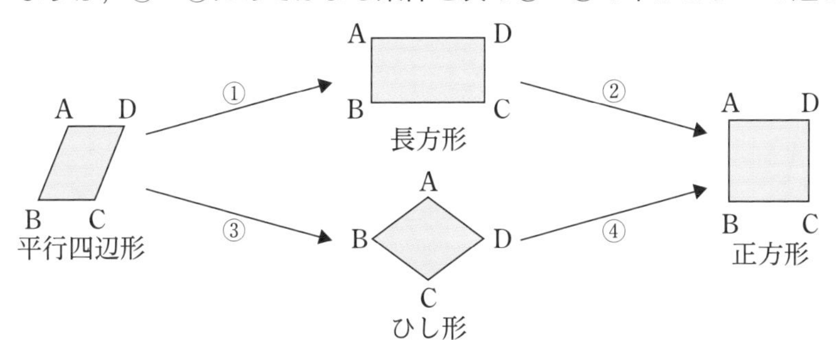

㋐ AD∥BC
㋑ AB＝BC
㋒ AC⊥BD
㋓ ∠A＝90°
㋔ AB∥DC
㋕ AC＝BD

2 ひし形　右の図のような，対角線が垂直に交わる▱ABCDについて，次の問いに答えなさい。ただし，ACとBDとの交点をOとします。

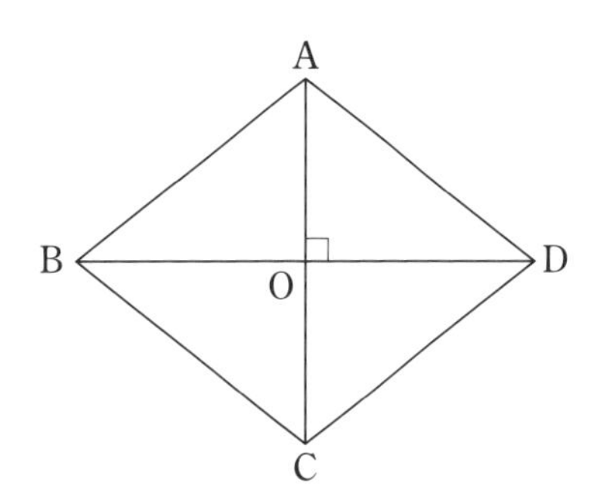

(1) △ABO≡△ADO であることを証明しなさい。

(2) ▱ABCD はひし形であることを証明しなさい。

3 よく出る　平行線と面積　右の図において，BCの延長上に点Eをとり，四角形ABCDと面積が等しい△ABEをかきなさい。また，空らんをうめて四角形ABCD＝△ABE の証明を完成させなさい。

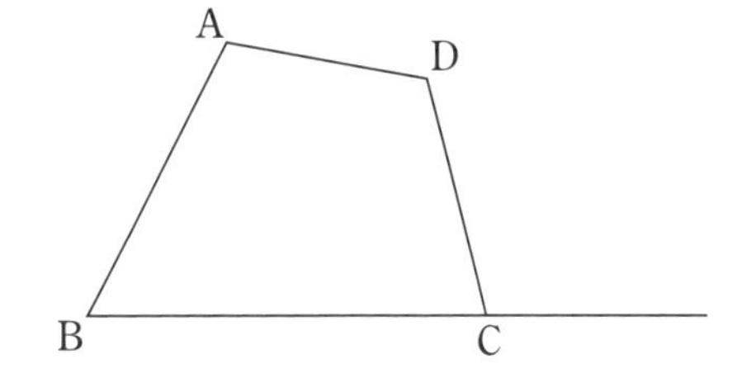

〔証明〕 四角形ABCD＝△ABC＋△㋐[　　]

△ABE＝△ABC＋△㋑[　　]

AC∥DE より，△ACD＝△㋒[　　]

よって，四角形ABCD＝△ABE

1 長方形，ひし形，正方形の定義と，それぞれの対角線の性質から考える。
3 点Dを通り，ACに平行な直線をひき，辺BCの延長との交点をEとする。

テストに出る！

章末予想問題　5章　三角形と四角形

30分　/100点

1 次の図において，同じ記号がついた辺や角は等しいものとして，$\angle x$，$\angle y$ の大きさを求めなさい。　6点×3〔18点〕

(1)

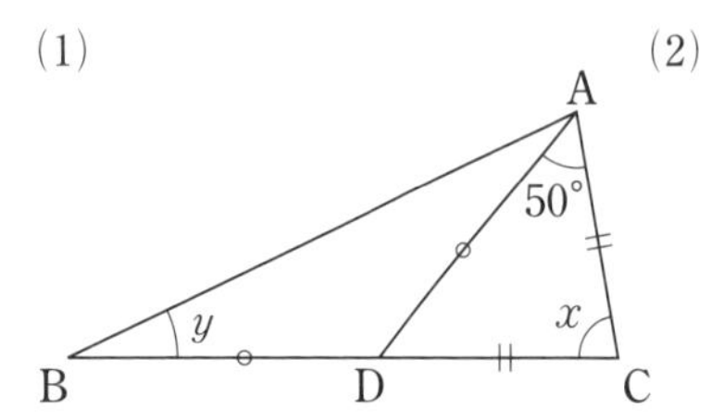

(2)

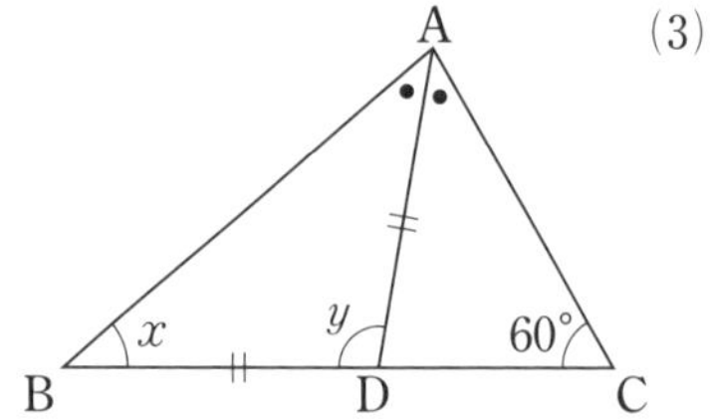

(3)

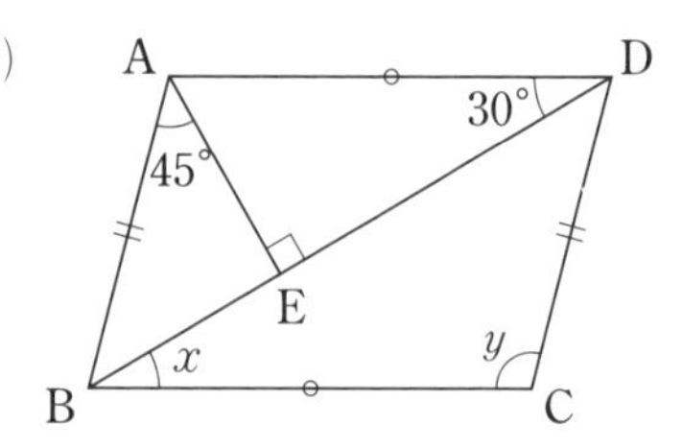

2 右の △ABC は，AB＝AC の二等辺三角形です。BE＝CD のとき，△FBC は二等辺三角形になります。このことを，△EBC と △DCB の合同を示すことによって証明しなさい。〔20点〕

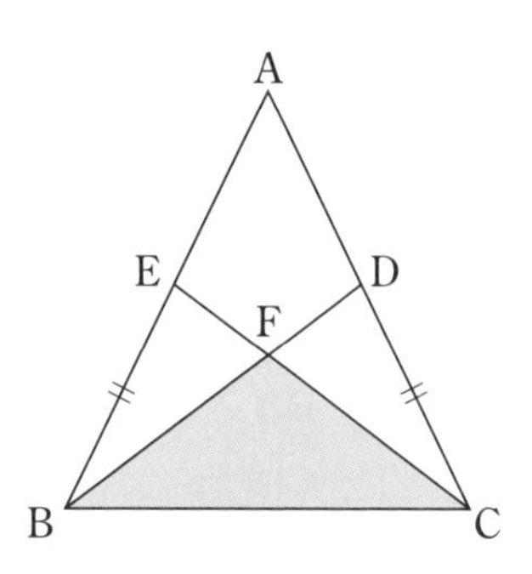

3 右の図において，△ABC は ∠A＝90° の直角二等辺三角形です。∠B の二等分線が辺 AC と交わる点をDとし，Dから辺 BC に垂線 DE をひきます。　6点×2〔12点〕

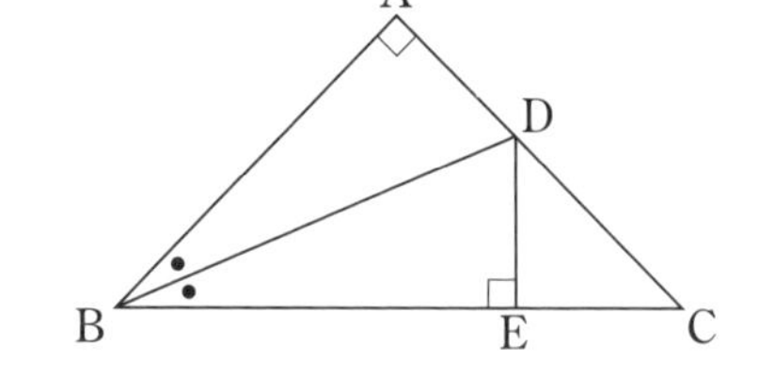

(1) △ABD と合同な三角形を見つけ出し，記号≡を使って表しなさい。また，そのとき使った合同条件を答えなさい。

(2) 線分 DE と長さの等しい線分を 2 つ答えなさい。

4 右の図において，▱ABCD の ∠BAD，∠BCD のそれぞれの二等分線と辺 BC，AD との交点を P，Q とします。このとき，四角形 APCQ が平行四辺形になることを証明しなさい。〔20点〕

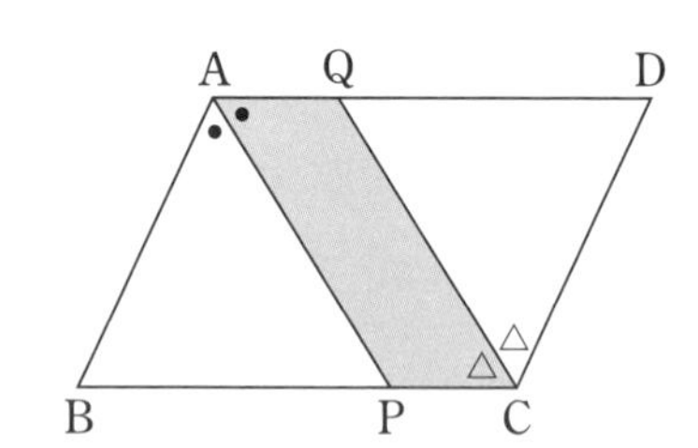

解答 p.13

満点ゲット作戦

特別な三角形，特別な四角形の性質は絶対に覚えておこう。
面積が等しい三角形は，平行線に注目して考える。

5 右の図の長方形 ABCD において，点 P，Q，R，S はそれぞれ辺 AB，BC，CD，DA の中点です。四角形 PQRS は，どんな四角形になりますか。〔15 点〕

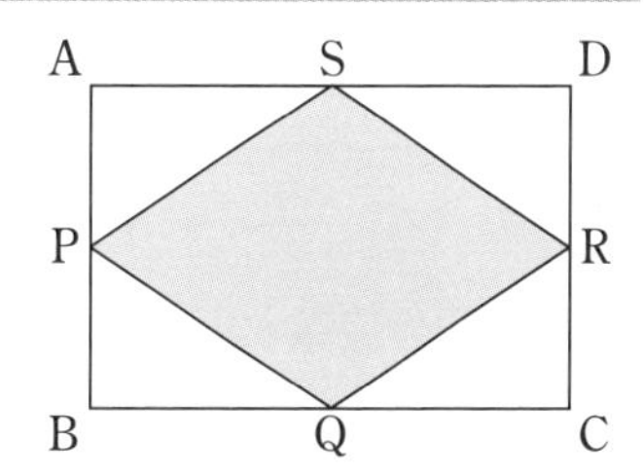

6 差がつく 右の図の ▱ABCD において，辺 BC の中点を E とし，AB の延長と DE の延長の交点を F とします。この図の中で，△BED と同じ面積の三角形をすべて答えなさい。〔15 点〕

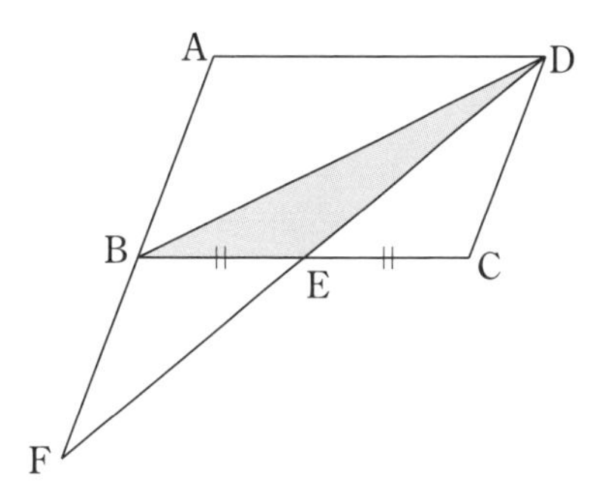

1	(1) $\angle x=$ ，$\angle y=$	(2) $\angle x=$ ，$\angle y=$
	(3) $\angle x=$ ，$\angle y=$	
2		
3	(1)	
	(2)	
4		
5		
6		

1 /18点	**2** /20点	**3** /12点	**4** /20点	**5** /15点	**6** /15点

6章 データの活用

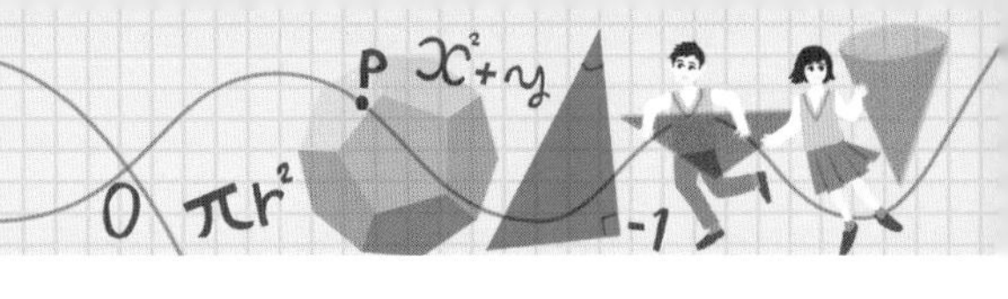

1 データの散らばり　2 データの傾向と調査

テストに出る! 教科書のココが要点

さらっとまとめ（赤シートを使って，□に入るものを考えよう。）

1 四分位数と四分位範囲 教 p.172〜p.176

・データを値の大きさの順に並べて，4つに等しく分けるとき，4等分する位置にくる値を［四分位数］といい，小さい方から順に，第1四分位数，第2四分位数，第3四分位数という。

第2四分位数は［中央値］のことである。

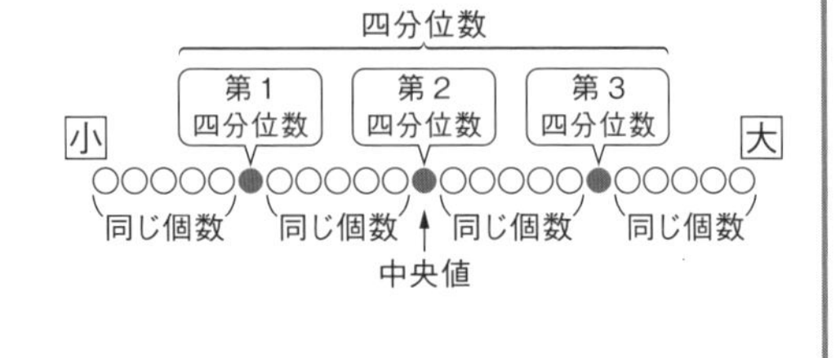

・［(四分位範囲)］=(第3四分位数)−(第1四分位数)

2 箱ひげ図 教 p.177〜p.178

・データの散らばりのようすを表す右のような図を［箱ひげ図］という。

箱の［横の長さ］は，四分位範囲を表している。

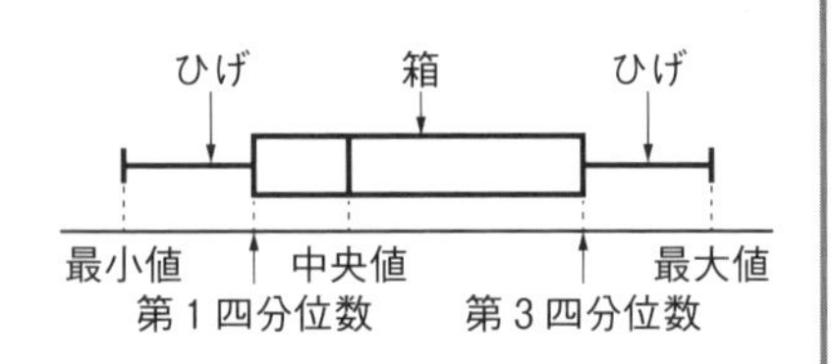

スピード確認（□に入るものを答えよう。答えは，下にあります。）

1

□ 次のデータ 5，5，6，8，4，10，7，3，6，9 において，

★データを値の小さい順に並べると，［3　4　⑤　5　6］●［6　7　⑧　9　10］

中央値は［①］，第1四分位数は［②］，第3四分位数は［③］である。

よって，四分位範囲は［④］になる。

2

□ 次のデータ 5，5，6，8，4，10，7，3，6，9 から箱ひげ図をかくときは，［⑤］を左端，［⑥］を右端とする長方形（箱）をかき，箱の中に中央値（［⑦］）を示す縦軸をひく。

最小値，最大値を表す縦線をひき，箱の左端から最小値までと，箱の右端から最大値まで，線分（［⑧］）をひくので，次のようになる。

0　1　2　3　4　5　6　7　8　9　10

このデータの範囲を求めると，［⑨］になる。

①＿＿＿＿
②＿＿＿＿
③＿＿＿＿
④＿＿＿＿
⑤＿＿＿＿
⑥＿＿＿＿
⑦＿＿＿＿
⑧＿＿＿＿
⑨＿＿＿＿

答　①6　②5　③8　④3　⑤第1四分位数　⑥第3四分位数　⑦第2四分位数　⑧ひげ　⑨7

解答 p.14

基礎力UP テスト対策問題

1 四分位数と四分位範囲，箱ひげ図　次のデータは，ある中学校の2年生男子15人のハンドボール投げの記録をまとめたものです。

12，13，14，14，15，17，18，18，
20，21，23，24，27，28，30　　　単位（m）

(1) 最小値を求めなさい。

(2) 最大値を求めなさい。

(3) 第1四分位数を求めなさい。

(4) 第2四分位数を求めなさい。

(5) 第3四分位数を求めなさい。

(6) 範囲を求めなさい。

(7) 四分位範囲を求めなさい。

(8) このデータの箱ひげ図をかきなさい。

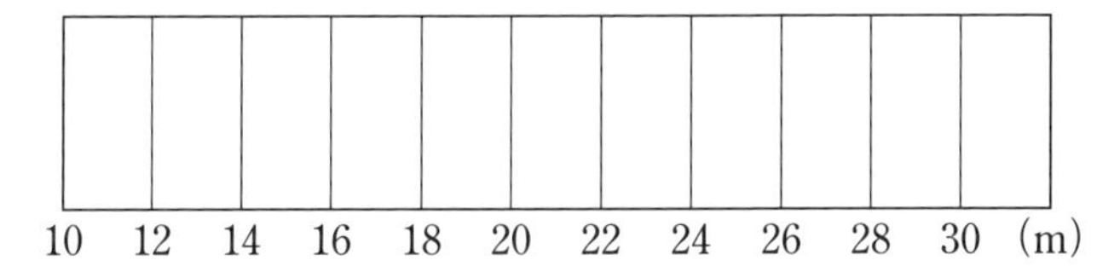

2 箱ひげ図　次の図は，2つのグループのハンドボール投げの記録についての箱ひげ図です。

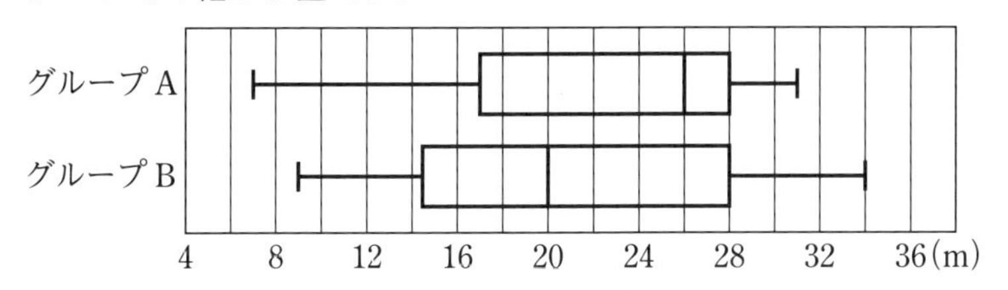

(1) 範囲が大きいのはどちらのグループですか。

(2) 中央値が大きいのはどちらのグループですか。

(3) 四分位範囲が小さいのはどちらのグループですか。

テスト対策ナビ

ポイント

(3) データの数が15だから，まず中央値を除いて2つに分ける。
半分にしたデータのうち，小さい方の中央値が第1四分位数である。
(4) 中央値を求める。
(6) (範囲)＝(最大値)－(最小値)

絶対に覚える！

箱ひげ図は，最小値，最大値，第1四分位数，第2四分位数，第3四分位数を利用してかく。
このことから，横（または縦）に長い方が範囲や四分位範囲が大きい，つまり，データが全体に散らばっていると読みとれる。

予想問題

6章 データの活用
1 データの散らばり　2 データの傾向と調査

20分

/7問中

1 四分位数と四分位範囲　次のデータは，A 地点，B 地点の最高気温を 9 日間調べた結果です。

A地点　28，30，30，31，32，34，35，35，36

B地点　25，26，27，27，28，28，28，30，32　単位（℃）

(1) 第 1 四分位数をそれぞれ求めなさい。

(2) 第 2 四分位数をそれぞれ求めなさい。

(3) 第 3 四分位数をそれぞれ求めなさい。

(4) 範囲をそれぞれ求めなさい。

(5) 四分位範囲をそれぞれ求めなさい。

(6) これらのデータについて，A 地点，B 地点の箱ひげ図を並べてかきなさい。

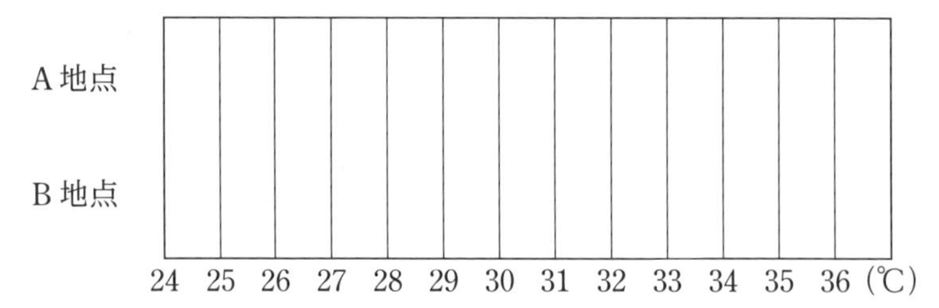

(7) データの散らばりの程度が大きいのは，A 地点，B 地点のどちらであると考えられるか，答えなさい。

1 (7) 箱ひげ図から，データの散らばりのようすを読みとれるようにする。

テストに出る！

章末予想問題　6章 データの活用

🕓20分　/100点

1 次のデータは，ある女子生徒14人の体重の記録です。　12点×4〔48点〕

44, 45, 46, 48, 48, 49, 50, 50, 51, 52, 52, 53, 53, 55　単位（kg）

(1) 体重の中央値を求めなさい。

(2) 体重の範囲を求めなさい。

(3) 体重の四分位範囲を求めなさい。

(4) このデータの箱ひげ図を，右の㋐～㋒から選びなさい。

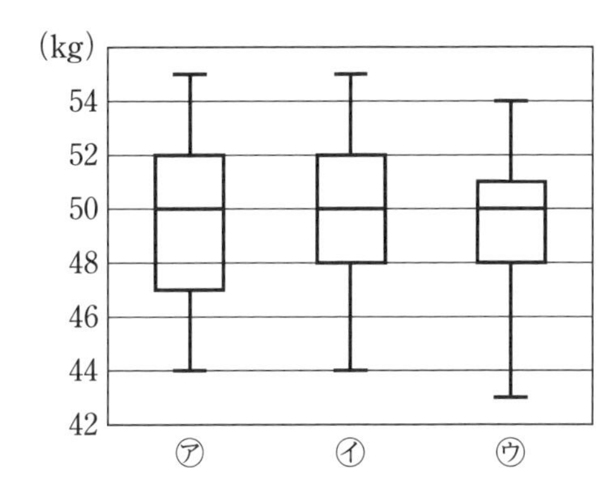

2 次のデータは，2年1組の生徒36人の数学の小テスト（20点満点）の得点です。　13点×4〔52点〕

20, 16, 6, 14, 2, 14, 18, 10, 18, 12, 18, 14
20, 10, 8, 16, 12, 18, 18, 14, 16, 12, 12, 10
18, 10, 16, 12, 18, 12, 10, 8, 12, 10, 12, 14　単位（点）

(1) 得点の第1四分位数を求めなさい。

(2) 得点の第2四分位数を求めなさい。

(3) 得点の第3四分位数を求めなさい。

(4) 得点の四分位範囲を求めなさい。

1	(1)	(2)	(3)	(4)
2	(1)	(2)	(3)	(4)

1	/48点	2	/52点

1 確率 (1)

テストに出る！ 教科書のココが要点

さらっとまとめ (赤シートを使って，□に入るものを考えよう。)

1 確率 教 p.188～p.193

・各場合の起こることが [同様に確からしい] 実験や観察において，起こりうるすべての場合が n 通りあるとする。そのうち，ことがらAの起こる場合が a 通りあるとき，

Aの起こる確率 p は $p=\boxed{\dfrac{a}{n}}$ である。

・絶対に起こることがらの確率は [1] であり，絶対に起こらないことがらの確率は [0] である。

また，確率 p の値の範囲は [$0 \leqq p \leqq 1$] である。

・ことがらAについて，(Aの起こらない確率)＝1－[(Aの起こる確率)] がいえる。

・起こりうるすべての場合を数えるとき，[樹形図] がよく利用される。

例 2枚の硬貨を同時に投げるとき，表，裏の出方は，右の樹形図より4通りある。

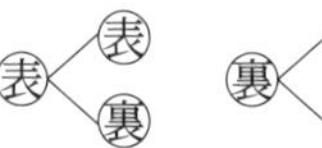

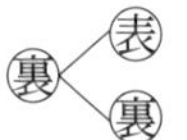

スピード確認 (□に入るものを答えよう。答えは，下にあります。)

1

□ 実験や観察を行うとき，あることがらの起こりやすさの程度を表す数を，そのことがらの起こる [①] という。

□ (Aの起こる確率)＝$\dfrac{(\boxed{②}\text{の起こる場合の数})}{(\text{起こるすべての場合の数})}$

□ 確率 p の値の範囲は，[③] $\leqq p \leqq$ [④] である。

□ 1個のさいころを投げるとき，さいころの目の出方は [⑤] 通りあり，それらは同様に確からしい。このとき，3の目が出る確率は $\dfrac{1}{\boxed{⑥}}$ である。

□ 1から10までの数を1つずつ書いた10枚のカードの中から1枚のカードを引くとき，カードの引き方は [⑦] 通りあり，それらは同様に確からしい。このとき，3の倍数ではない数が書いてあるカードを引く確率は 1－[⑧]＝[⑨] である。

□ 1枚の硬貨を2回投げるとき，表と裏が1回ずつ出る確率は，右の樹形図より，$\dfrac{\boxed{⑩}}{4}$＝[⑪]

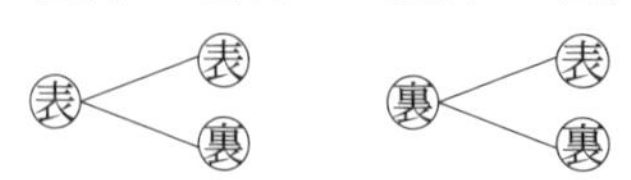

①
②
③
④
⑤
⑥
⑦
⑧
⑨
⑩
⑪

答 ①確率 ②A ③0 ④1 ⑤6 ⑥6 ⑦10 ⑧$\dfrac{3}{10}$ ⑨$\dfrac{7}{10}$ ⑩2 ⑪$\dfrac{1}{2}$

解答 p.15

基礎力UP テスト対策問題

1 確率とその求め方　1個のさいころを投げるとき，次の問いに答えなさい。

(1)　さいころの目の出方は全部で何通りありますか。

(2)　(1)のどの目が出ることも同様に確からしいといえますか。

(3)　奇数の目は何通りありますか。

(4)　奇数の目が出る確率を求めなさい。

(5)　3以下の目が出る確率を求めなさい。

(6)　4の約数の目が出る確率を求めなさい。

(7)　4の約数の目が出ない確率を求めなさい。

2 樹形図と確率　100円硬貨と10円硬貨が1枚ずつあり，この2枚を同時に投げるとき，次の確率を求めなさい。

(1)　どちらも裏になる確率

(2)　表になった硬貨の金額の合計が100円以上である確率

テスト対策ナビ

絶対に覚える!

(Aの起こる確率)
$=\frac{(\text{Aの起こる場合の数})}{(\text{起こるすべての場合の数})}$

1 (2)　さいころは，正しく作られているものとして考える。

(6)　4の約数は，1，2，4の3通りある。

(7)　4の約数の目が出ない確率は，1−(4の約数の目が出る確率)で求める。

ある整数をわり切ることができる整数が約数だよ。

ポイント

起こりうるすべての場合を，樹形図をかいて数える。

 解答 p.15

テストに出る!

予想問題 ①

7章 確率

1 確率 (1)

20分

/10問中

1 確率とその求め方　1から20までの数を1つずつ書いた20枚のカードがあります。このカードの中から1枚引きます。

(1) カードの引き方は全部で何通りありますか。また，どの場合が起こることも同様に確からしいといえますか。

(2) 偶数が書かれたカードを引く確率を求めなさい。

(3) 3の倍数が書かれたカードを引く確率を求めなさい。

(4) 20の約数が書かれたカードを引く確率を求めなさい。

2 よく出る　確率とその求め方　ジョーカーを除く52枚のトランプからカードを1枚引くとき，次の確率を求めなさい。

(1) ダイヤのカードを引く確率

(2) キングのカードを引く確率

(3) スペードの絵札を引く確率

(4) 引いたカードの数が18である確率

(5) 絵札を引かない確率

(6) ハートの絵札を引かない確率

1 (4) 20の約数には，1も20も入ることを忘れないようにする。
2 (3) 絵札はJ，Q，Kが書かれたカードのことである。

教科書 p.190～p.193
解答 p.15

テストに出る!
予想問題 ② 7章 確率 1 確率 (1)

20分 /10問中

1 確率とその求め方　赤玉4個，白玉5個，青玉3個が入った袋から玉を1個取り出すとき，次の確率を求めなさい。

(1) 白玉が出る確率

(2) 赤玉または白玉が出る確率

(3) 赤玉または白玉または青玉が出る確率

(4) 取り出した玉が赤球ではない確率

2 よく出る　樹形図と確率　A，Bの2人でじゃんけんを1回するとき，次の確率を求めなさい。

(1) Bが勝つ確率

(2) あいこになる確率

3 樹形図と確率　A，Bの2人の男子と，C，Dの2人の女子がいます。この中から，くじ引きで班長と副班長を1人ずつ選びます。

(1) 選び方は全部で何通りありますか。

(2) 男子1人，女子1人が選ばれる確率を求めなさい。

(3) Aが班長，Cが副班長に選ばれる確率を求めなさい。

(4) 少なくとも一方が女子である確率を求めなさい。

1 (2) 赤玉と白玉が合わせて何個あるか考える。
3 樹形図をかいて，起こりうる場合をすべてあげてみる。

1 確率 (2)

テストに出る！ 教科書のココが要点

さらっとまとめ（赤シートを使って，□に入るものを考えよう。）

1 いろいろな確率 教 p.194～p.195

・順番が関係ないことがらの確率を，樹形図を用いて考えるときは，組み合わせが［同じ］ものを消して考える。

例 A，B，Cの3人の中から，2人の当番を選ぶときの樹形図を考えると，下の①のようになる。このとき，たとえばAとB，BとAは同じ組み合わせなので，重複する組み合わせを消すと，下の②のように［3］通りになる。

① A＜B, C　B＜A×, C　C＜A×, B×（AのBとBのAは「同じ」）
➡ ② A＜B…(A，B), ［C］…(A，C)　［B］─C…(B，C)

スピード確認（□に入るものを答えよう。答えは，下にあります。）

□ 大小2個のさいころを同時に投げるとき，出る目の和が7になる確率を考える。
目の出方は右の表より，全部で［①］通りあり，それらは同様に確からしい。出る目の和が7になる場合は［②］通りあるから，
求める確率は $\frac{②}{36}=\frac{③}{6}$

大＼小	1	2	3	4	5	6
1	2	3	4	5	6	⑦
2	3	4	5	6	⑦	8
3	4	5	6	⑦	8	9
4	5	6	⑦	8	9	10
5	6	⑦	8	9	10	11
6	⑦	8	9	10	11	12

① ______
② ______
③ ______
④ ______
⑤ ______
⑥ ______

1 □ 赤玉2個，青玉2個が入った袋から，同時に2個の玉を取り出すとき，1個が赤玉で，1個が青玉になる確率を考える。
赤玉，青玉を赤1，赤2，青1，青2と区別して，かき並べると，
{赤1，赤2}　{赤2，青1}○　{青1，青2}
{赤1，青1}○　{赤2，青2}○
{赤1，青2}○　★重複する組み合わせは消しておく。
の全部で［④］通りあり，それらは同様に確からしい。
このうち，1個が赤玉で，1個が青玉になるのは○をつけた［⑤］通りあるから，
求める確率は $\frac{⑤}{④}$＝［⑥］

答 ①36 ②6 ③1 ④6 ⑤4 ⑥$\frac{2}{3}$

解答 p.15

基礎力UP テスト対策問題

テスト対策ナビ

1 いろいろな確率　2個のさいころを同時に投げるとき，出る目の和について，次の問いに答えなさい。

(1) 右の表は，2個のさいころを，A，Bで表し，出る目の和を調べたものです。空らんをうめなさい。

A＼B	1	2	3	4	5	6
1	2	3				
2	3					
3						
4						
5						
6						

(2) 出る目の和が9になる確率を求めなさい。

(3) 出る目の和が4の倍数になる確率を求めなさい。

(4) 出る目の和が奇数になる確率を求めなさい。

(5) 出る目の和が9以上になる確率を求めなさい。

1 (2) 和が9になる場合が，何通りあるか，表から求める。

4の倍数になるのは，4，8，12のときがあるね。

2 いろいろな確率　赤玉3個，白玉2個が入った袋から，同時に2個の玉を取り出します。

(1) 赤玉3個を①，②，③，白玉2個を④，⑤と区別して，取り出し方が全部で何通りあるかを，樹形図をかいて求めなさい。

(2) 2個とも赤玉が出る確率を求めなさい。

(3) 赤玉と白玉が1個ずつ出る確率を求めなさい。

(4) 少なくとも1個は赤玉が出る確率を求めなさい。

ミス注意！
①と②を取り出すことと，②と①を取り出すことは同じであることに注意して，樹形図をかく。

テストに出る！

予想問題 ①

7章 確率
1 確率 (2)

🕓20分　／9問中

1 いろいろな確率　右の表は，2個のさいころA, Bを同時に投げるとき,出る目の数について，さいころAの目が2，さいころBの目が3となる場合を(2, 3)と表し，表にしたものです。

A＼B	1	2	3	4	5	6
1	(1, 1)	(1, 2)	(1, 3)			
2	(2, 1)	(2, 2)				
3	(3, 1)					
4						
5						
6						(6, 6)

(1) 目の出方は全部で何通りありますか。

(2) 同じ目が出る確率を求めなさい。

(3) 出る目の積が3以下になる確率を求めなさい。

(4) 出る目の和が10になる確率を求めなさい。

(5) 出る目が両方とも奇数である確率を求めなさい。

2 いろいろな確率　3, 4, 5, 6, 7, 8の数を1つずつ書いた6枚のカードの入った箱から同時に2枚のカードを取り出します。

(1) 取り出すカードの組み合わせは全部で何通りありますか。樹形図をかいて求めなさい。

(2) カードに書かれた数の和が10になる確率を求めなさい。

(3) カードに書かれた数が1枚は偶数で1枚は奇数である確率を求めなさい。

3 よく出る　いろいろな確率　テニス部員のA, B, C, D, Eの5人の中から，くじ引きで2人を選んでダブルスのチームをつくります。このとき，チームの中にAがふくまれる確率を求めなさい。

1 (3) 積が3以下になるのは，(1, 1)，(1, 2)，(1, 3)，(2, 1)，(3, 1)の5通りある。
(4) 和が10になるのは，(4, 6)，(5, 5)，(6, 4)の3通りある。

テストに出る！

予想問題 ②

7章 確率
1 確率 (2)

20分　/7問中

1 いろいろな確率　2個のさいころ A，B を同時に投げるとき，さいころAの出た目を a，さいころBの出た目を b とします。

(1) $a\times b=20$ になる確率を求めなさい。

(2) $\dfrac{a}{b}$ が整数になる確率を求めなさい。

2 いろいろな確率　A，B，C の 3 人の女子と，D，E の 2 人の男子がいます。女子の中から 1 人，男子の中から 1 人をそれぞれくじ引きで選んで，日直を決めます。このとき，B と D がペアになる確率を求めなさい。

3 よく出る　確率による説明　5 本の中に 2 本の当たりくじが入っているくじがあります。引いたくじはもどさずに，A，B の 2 人が，この順に 1 本ずつくじを引きます。

(1) 当たりくじに1，2，はずれくじに③，④，⑤の番号をつけ，A，B のくじの引き方は何通りあるか樹形図をかいて調べなさい。

(2) 次の確率を求めなさい。

① 先に引いたAが当たる確率

② あとに引いたBが当たる確率

(3) くじを先に引くのとあとに引くのとで，どちらが当たりやすいですか。

2 ペアの組み合わせは，選ぶ順番には関係がないことに注意する。

テストに出る！

章末予想問題　7章 確率

20分　/100点

1 A, B, C の 3 人の男子と, D, E の 2 人の女子がいます。この 5 人の中からくじ引きで 1 人の委員を選ぶとき, ㋐, ㋑のことがらの起こりやすさは同じであるといえますか。〔12点〕

㋐ 男子が委員に選ばれる　　㋑ 女子が委員に選ばれる

2 右の 5 枚のカードの中から 2 枚のカードを取り出し, 先に取り出した方を十の位の数, あとから取り出した方を一の位の数とする 2 けたの整数をつくります。10点×4〔40点〕

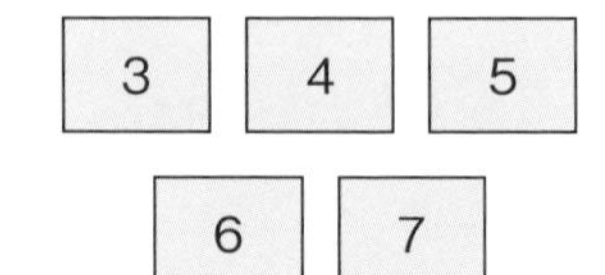

(1) 2 けたの整数は何通りできますか。

(2) その整数が偶数になる確率を求めなさい。

(3) その整数が 5 の倍数になる確率を求めなさい。

(4) その整数が 50 以上の数になる確率を求めなさい。

3 1, 2, 3 の数を 1 つずつ書いた 3 個の白玉と, 4, 5 の数を 1 つずつ書いた 2 個の赤玉の計 5 個の玉が袋の中に入っている。この袋から同時に 2 個の玉を取り出すとき, 次の確率を求めなさい。12点×4〔48点〕

(1) 取り出した 2 個の玉が同じ色になる確率

(2) 取り出した 2 個の玉に書いてある数がともに奇数になる確率

(3) 取り出した 2 個の玉に書いてある数の和が奇数になる確率

(4) 取り出した 2 個の玉に書いてある数の和が偶数になる確率

1				
2	(1)	(2)	(3)	(4)
3	(1)	(2)	(3)	(4)

1	/12点	2	/40点	3	/48点

中間・期末の攻略本

解答と解説

取りはずして使えます!

数研出版版　数学2年

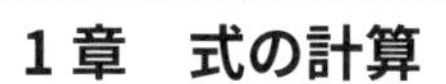

1章　式の計算

p.3 テスト対策問題

1 (1) 3

(2) 項 $4x,\ -3y^2,\ 5$　2次式

2 (1) $3x+10y$　(2) $8x-7y$

(3) $2x-3y$　(4) $10x-15y+30$

(5) $10x-2y$　(6) $8x+3y$

3 (1) $6x^2y$　(2) $-12abc$

(3) $32x^2y^2$　(4) $9x$

(5) $-2b$　(6) $-3ab$

解説

1 (2) 多項式の次数は，多項式の各項の次数のうち，もっとも大きいものだから，

$\underset{次数1}{4x}+\underset{次数2}{(-3y^2)}+\underset{定数項}{5}$ より，次数は 2 → 2 次式

2 (2) $(7x+2y)+(x-9y)$

$=7x+2y+x-9y=8x-7y$

(3) $(5x-7y)-(3x-4y)$

$=5x-7y-3x+4y=2x-3y$

(5) $4(2x+y)+2(x-3y)$

$=8x+4y+2x-6y=10x-2y$

(6) $5(2x-y)-2(x-4y)$

$=10x-5y-2x+8y=8x+3y$

3 (1) $3x\times2xy=3\times2\times x\times x\times y=6x^2y$

(3) $-8x^2\times(-4y^2)$

$=(-8)\times(-4)\times x\times x\times y\times y=32x^2y^2$

(4) $36x^2y\div4xy=\dfrac{36x^2y}{4xy}=\dfrac{\overset{9}{36}\times\overset{1}{x}\times x\times\overset{1}{y}}{\underset{1}{4}\times\underset{1}{x}\times\underset{1}{y}}=9x$

(6) $(-9ab^2)\div3b=-\dfrac{9ab^2}{3b}=-\dfrac{\overset{3}{9}\times a\times b\times\overset{1}{b}}{\underset{1}{3}\times\underset{1}{b}}$

$=-3ab$

p.4 予想問題 ❶

1 (1) 項 $x^2y,\ xy,\ -3x,\ 2$　3次式

(2) 項 $-s^2t^2,\ st,\ 8$　4次式

2 (1) $4x^2-2x$　(2) $7ab$

(3) $7a-4b$　(4) $-3a+1$

(5) $4a-b$　(6) $4x-5y+5$

3 (1) $-15a-5b+10$　(2) $2x+y-5$

(3) $-3x+5y$　(4) $-8a+6b-2$

4 (1) $\dfrac{13x+5y}{12}$　(2) $\dfrac{2a-b}{10}$

(3) $\dfrac{-4a-7b}{6}$　(4) $\dfrac{4x-5y}{7}$

解説

2 ミス注意! $-(\ \ )$ の形のかっこをはずすとき，各項の符号が変わるので注意する。

(4) $(a^2-4a+3)-(a^2+2-a)$

$=a^2-4a+3-a^2-2+a=-3a+1$

(6) ひく式の各項の符号を変えて加えてもよい。

$$\begin{array}{r} 5x-2y-3 \\ -)\ \ x+3y-8 \\ \hline \end{array} \Rightarrow \begin{array}{r} 5x-2y-3 \\ +)\ -x-3y+8 \\ \hline 4x-5y+5 \end{array}$$

3 ミス注意! 負の数をかけるときは，符号の変化に注意する。

(2) $(-6x-3y+15)\times\left(-\dfrac{1}{3}\right)$

$=-6x\times\left(-\dfrac{1}{3}\right)-3y\times\left(-\dfrac{1}{3}\right)+15\times\left(-\dfrac{1}{3}\right)$

$=2x+y-5$

4 ポイント 通分して1つの分数にまとめる。

(2) $\dfrac{3a+b}{5}-\dfrac{4a+3b}{10}$

$=\dfrac{2(3a+b)-(4a+3b)}{10}$

$=\dfrac{6a+2b-4a-3b}{10}=\dfrac{2a-b}{10}$

p.5 予想問題 ❷

1 (1) $12xy$　(2) $-3mn$
(3) $-5x^3$　(4) $-2ab^2$

2 (1) $4b$　(2) $\frac{ab^2}{5}$
(3) $-27y$　(4) $-\frac{2b}{a}$

3 (1) x^2y　(2) $2a^2b$
(3) $-\frac{a^4}{3}$　(4) $\frac{1}{x^2}$
(5) $-16x^2y^2$　(6) $\frac{32x}{y^2}$

解説

1 ミス注意！ $(-b)^2$ と $-b^2$ のちがいに注意！
(4) $-2a\times(-b)^2$
$=-2a\times(-b)\times(-b)=-2ab^2$

2 ポイント (3), (4)のような除法は，わる式の逆数をかける乗法になおして計算する。
(3) ミス注意！ $\frac{1}{3}xy$ の逆数は，$3xy$ ではないことに注意する。
$\frac{1}{3}xy=\frac{xy}{3}$ だから，逆数は $\frac{3}{xy}$
$(-9xy^2)\div\frac{1}{3}xy=(-9xy^2)\times\frac{3}{xy}$
$=-\frac{9\times x\times y\times y\times 3}{x\times y}=-27y$

3 (2) $ab\div2b^2\times4ab^2$
$=\frac{ab\times4ab^2}{2b^2}=\frac{a\times b\times4\times a\times b\times b}{2\times b\times b}=2a^2b$
(4) $(-12x)\div(-2x)^2\div(-3x)$
$=(-12x)\div4x^2\div(-3x)=\frac{12x}{4x^2\times3x}$
$=\frac{12\times x}{4\times x\times x\times3\times x}=\frac{1}{x^2}$
(5) $12x^2y\div(-3xy)\times4xy^2$
$=-\frac{12x^2y\times4xy^2}{3xy}$
$=-16x^2y^2$
(6) $(-4x)^2\div\frac{2}{3}xy\div\frac{3}{4}y$
$=16x^2\times\frac{3}{2xy}\times\frac{4}{3y}$
$=\frac{16x^2\times3\times4}{2xy\times3y}=\frac{32x}{y^2}$

p.7 テスト対策問題

1 (1) 11　(2) -12

2 (1) ㋑，㋒　(2) ㋕，㋖

3 $11x+11y$

4 (1) $x=2y-3$　(2) $x=2y+6$
(3) $x=-2y+4$　(4) $y=\frac{7x-11}{6}$

解説

1 ミス注意！ 負の数を代入するときは，(　)をつける。
(1) $2(a+2b)-(3a+b)=2a+4b-3a-b$
$=-a+3b$
この式に $a=-2$，$b=3$ を代入すると，
$-a+3b=-(-2)+3\times3=11$
(2) $14ab^2\div7b=2ab=2\times(-2)\times3=-12$

3 $(10x+y)+(10y+x)$
$=10x+y+10y+x=11x+11y$

4 (3) $5x+10y=20$
$5x=-10y+20$
$x=-2y+4$
(4) $7x-6y=11$
$-6y=-7x+11$
$6y=7x-11$
$y=\frac{7x-11}{6}$

p.8 予想問題 ❶

1 (1) ① 9　② 55
(2) ① -18　② 3

2 ① 1　② 偶数（2 の倍数）
③ 奇数

3 中央の整数を n として，連続する 5 つの整数を
$n-2$，$n-1$，n，$n+1$，$n+2$
と表す。このとき，これらの和は
$(n-2)+(n-1)+n+(n+1)+(n+2)$
$=5n$
n は整数だから，$5n$ は 5 の倍数である。
よって，連続する 5 つの整数の和は 5 の倍数である。

4 もとの数の十の位の数を x，一の位の数を y として，もとの自然数を $10x+y$，入れかえた数を $10y+x$ と表す。

このとき，これらの差は

$(10x+y)-(10y+x)=9x-9y$

$=9(x-y)$

$x-y$ は整数だから，$9(x-y)$ は 9 の倍数である。よって，もとの自然数から入れかえた数をひいた差は 9 の倍数になる。

解説

1 ポイント 式の値を求めるときは，式を簡単にしてから代入すると，求めやすくなる。

(1) ② $4(2a+3b)-5(2a-b)$

$=8a+12b-10a+5b=-2a+17b$

$=-2\times(-2)+17\times3=55$

(2) ② $8x^3y^2\div(-2x^2y)=-4xy$

$=-4\times(-3)\times\dfrac{1}{4}=3$

3 参考 中央の整数を n とすると，それらの和をもっとも簡単な式で表すことができる。

p.9 予想問題 ❷

1 AP$=a$，PB$=b$ とすると，

AP を直径とする半円の弧の長さは

$\pi\times a\times\dfrac{1}{2}=\dfrac{\pi a}{2}$

PB を直径とする半円の弧の長さは

$\pi\times b\times\dfrac{1}{2}=\dfrac{\pi b}{2}$

これらの和は $\dfrac{\pi a}{2}+\dfrac{\pi b}{2}=\dfrac{\pi(a+b)}{2}$

また，AB を直径とする半円の弧の長さは

$\pi\times(a+b)\times\dfrac{1}{2}=\dfrac{\pi(a+b)}{2}$

よって，AP，PB をそれぞれ直径とする 2 つの半円の弧の長さの和は，AB を直径とする半円の弧の長さと等しくなる。

2 (1) $y=\dfrac{-5x+4}{3}$　(2) $a=\dfrac{3b+12}{4}$

(3) $y=\dfrac{3}{2x}$　(4) $x=-12y+3$

(5) $b=\dfrac{3a-9}{5}$　(6) $y=\dfrac{c-b}{a}$

3 (1) $b=\dfrac{S}{a}$　(2) $b=\dfrac{V}{\pi a^2}$

解説

1 AP$=a$，PB$=b$，AB$=a+b$ とおいて，それぞれの半円の弧の長さを，文字を使って表す。

2 (3) $\dfrac{1}{3}xy=\dfrac{1}{2}$

両辺に 6 をかける

$2xy=3$

両辺を $2x$ でわる

$y=\dfrac{3}{2x}$

3 参考 (1)は長方形の横の長さを求める式，(2)は円柱の高さを求める式である。

p.10～p.11 章末予想問題

1 (1) 項 $2x^2$，$3xy$，9　2 次式

(2) 項 $-2a^2b$，$\dfrac{1}{3}ab^2$，$-4a$　3 次式

2 (1) $5x^2-x$　(2) $14a-19b$

(3) $6ab-3a^2$　(4) $-6x^2+4y$

(5) $\dfrac{5a-2b}{12}$　(6) x^3y^2

(7) $-6b$　(8) $-3xy^3$

3 (1) 3　(2) -2　(3) 8

4 m を整数として，連続する 3 つの奇数を

$2m+1$，$2m+3$，$2m+5$

と表す。このとき，これらの和は

$(2m+1)+(2m+3)+(2m+5)$

$=6m+9=3(2m+3)$

$2m+3$ は整数だから，$3(2m+3)$ は 3 の倍数である。よって，連続する 3 つの奇数の和は 3 の倍数である。

5 (1) $y=\dfrac{-3x+7}{2}$　(2) $a=\dfrac{V}{bc}$

(3) $x=\dfrac{y+3}{4}$　(4) $b=2a-c$

(5) $h=\dfrac{3V}{\pi r^2}$　(6) $a=\dfrac{2S}{h}-b$

解説

2 (5) $\dfrac{3a-2b}{4}-\dfrac{a-b}{3}$

$=\dfrac{3(3a-2b)-4(a-b)}{12}$

$=\dfrac{9a-6b-4a+4b}{12}=\dfrac{5a-2b}{12}$

3 (1) $(3x+2y)-(x-y)=3x+2y-x+y$

$=2x+3y=2\times2+3\times\left(-\dfrac{1}{3}\right)=3$

(3) $18x^3y\div(-6xy)\times2y=-\dfrac{18x^3y\times2y}{6xy}$

$=-6x^2y=-6\times2^2\times\left(-\dfrac{1}{3}\right)=8$

2章　連立方程式

p.13 テスト対策問題

1 ㋑

2 (1) $x=2,\ y=-3$　(2) $x=1,\ y=3$
(3) $x=1,\ y=2$　(4) $x=3,\ y=2$

3 (1) $x=2,\ y=8$　(2) $x=3,\ y=7$
(3) $x=7,\ y=3$　(4) $x=-5, y=-4$

4 (1) $x=1,\ y=-1$　(2) $x=-2,\ y=5$
(3) $x=-4,\ y=2$　(4) $x=1,\ y=2$

解説

1 $x=-1,\ y=3$ を，2つの式にそれぞれ代入して，どちらも成り立つかどうか調べる。

2 上の式を①，下の式を②とする。
(3) ①−②×3 より $-13y=-26$　$y=2$
$y=2$ を②に代入すると，
$x+10=11$ より $x=1$
(4) ①×5+②×4 より $43y=86$　$y=2$
$y=2$ を①に代入すると，
$4x+6=18$ より $x=3$

3 上の式を①，下の式を②とする。
(3) ②を①に代入すると，$4(3y-2)-5y=13$
$12y-8-5y=13$ より $y=3$
$y=3$ を②に代入すると，$x=9-2=7$
(4) ①を②に代入すると，$3x-2(x+1)=-7$
$3x-2x-2=-7$ より $x=-5$
$x=-5$ を①に代入すると，$y=-5+1=-4$

4 上の式を①，下の式を②とする。
(1) ②のかっこをはずし，整理すると，
$4x+3y=1$ … ③
①−③×2 より $-11y=11$　$y=-1$
$y=-1$ を①に代入すると，
$8x+5=13$ より $x=1$
(2) ②の両辺に 10 をかけて分母をはらうと，
$5x-2y=-20$ … ③
①+③ より $8x=-16$　$x=-2$
$x=-2$ を①に代入すると，
$-6+2y=4$ より $y=5$
(3) ②の両辺に 10 をかけて係数を整数にすると，
$3x+7y=2$ … ③
①×3−③×2 より $-5y=-10$　$y=2$
$y=2$ を①に代入すると，
$2x+6=-2$ より $x=-4$
(4) **ポイント** $A=B=C$ の形をした方程式は

$$\begin{cases}A=B\\B=C\end{cases}\quad\begin{cases}A=B\\A=C\end{cases}\quad\begin{cases}A=C\\B=C\end{cases}$$

のどれかの連立方程式を解く。

$$\begin{cases}3x+2y=7 & \cdots ①\\5x+y=7 & \cdots ②\end{cases}$$

②より，$y=-5x+7$ … ③
③を①に代入すると，
$3x+2(-5x+7)=7$　$x=1$
$x=1$ を③に代入すると，
$y=-5+7$ より $y=2$

p.14 予想問題 ❶

1 (1) $x=4,\ y=3$　(2) $x=-2,\ y=4$
(3) $x=-2,\ y=2$　(4) $x=-5, y=-6$

2 (1) $x=2,\ y=4$　(2) $x=3,\ y=-4$
(3) $x=6,\ y=7$　(4) $x=2,\ y=-1$
(5) $x=2,\ y=-3$　(6) $x=6,\ y=-3$
(7) $x=5,\ y=-2$　(8) $x=2,\ y=-5$

解説

1 上の式を①，下の式を②とする。
(4) ①を②に代入すると，
$(4y-1)-3y=-7$ より $y=-6$
$y=-6$ を①に代入すると，
$5x=-25$ より $x=-5$

2 上の式を①，下の式を②とする。
(1) ②のかっこをはずし，整理すると，
$-2x+3y=8$ … ③
①×3+③ より $7x=14$　$x=2$
$x=2$ を①に代入すると，
$6-y=2$ より $y=4$
(4) ①の両辺に 4 をかけて分母をはらうと，
$3x-2y=8$ … ③
②×2+③ より $7x=14$　$x=2$
$x=2$ を②に代入すると，
$4+y=3$ より $y=-1$
(7) ①の両辺に 10 をかけて係数を整数にすると，
$12x+5y=50$ … ③
③−②×4 より $13y=-26$　$y=-2$
$y=-2$ を②に代入すると，
$3x+4=19$ より $x=5$

p.15 予想問題 ❷

1 (1) $x=10$, $y=-5$ (2) $x=2$, $y=1$

2 (1) $a=1$, $b=3$ (2) $a=4$, $b=3$

(3) $a=3$, $b=4$

3 (1) $x=1$, $y=4$, $z=3$

(2) $x=-4$, $y=3$, $z=-5$

解説

1 (1) $\begin{cases} 2x+3y=5 & \cdots ① \\ -x-3y=5 & \cdots ② \end{cases}$

①+②より，$x=10$

$x=10$ を①に代入すると，

$20+3y=5$ より $y=-5$

2 (1) 連立方程式に $x=3$, $y=2$ を代入すると，

$\begin{cases} 6+2a=8 \text{ より } a=1 \\ 3b-2=7 \text{ より } b=3 \end{cases}$

(2) 連立方程式に $x=2$, $y=b$ を代入すると，

$\begin{cases} 10-2b=4 & \cdots ① \\ 2a-5b=-7 & \cdots ② \end{cases}$

①より $b=3$

$b=3$ を②に代入すると，

$2a-15=-7$ より $a=4$

(3) 4 つの方程式の x, y の値は同じだから，係数に a, b をふくまない 2 つの方程式を連立方程式として解いて，x, y の値を求める。

$\begin{cases} 5x+3y=7 \\ 4x-3y=11 \end{cases}$ を解くと，$x=2$, $y=-1$

これを a, b をふくむ 2 つの方程式に代入すると，$2a+b=10$, $-a+2b=5$

これを連立方程式として解く。

3 上の式から順に，①，②，③とする。

(1) ③を①に代入して，$4x+y=8$ … ④

③を②に代入して，$6x+2y=14$ … ⑤

④×2−⑤ より $x=1$

$x=1$ を④に代入すると，

$4+y=8$ より $y=4$

$x=1$ を③に代入すると，$z=3$

(2) ①+② より $3x+3y=-3$ … ④

②+③ より $3x-2y=-18$ … ⑤

④−⑤ より $y=3$

$y=3$ を④に代入すると，

$3x+9=-3$ より $x=-4$

$x=-4$, $y=3$ を①に代入すると，

$-4+6-z=7$ より $z=-5$

p.17 テスト対策問題

1 (1) ㋐ $100x$ ㋑ $120y$ ㋒ 1100

(2) パン 5 個 おにぎり 5 個

2 (1) ㋐ $\dfrac{x}{50}$ ㋑ $\dfrac{y}{100}$

(2) 歩いた道のり 400 m

走った道のり 600 m

解説

1 (2) (1)の表より連立方程式をつくると，

$\begin{cases} x+y=10 \\ 100x+120y=1100 \end{cases}$

この連立方程式を解くと，

$x=5$, $y=5$

これらは問題に適している。

2 (2) (1)の表より連立方程式をつくると，

$\begin{cases} x+y=1000 \\ \dfrac{x}{50}+\dfrac{y}{100}=14 \end{cases}$

この連立方程式を解くと，

$x=400$, $y=600$

これらは問題に適している。

p.18 予想問題 ❶

1 500 円硬貨 10 枚 100 円硬貨 12 枚

2 鉛筆 1 本 80 円 ノート 1 冊 120 円

3 (1) ㋐ $\dfrac{x}{60}$ ㋑ $\dfrac{y}{120}$

(2) $\begin{cases} x+y=1500 \\ \dfrac{x}{60}+\dfrac{y}{120}=20 \end{cases}$

歩いた道のり 900 m

走った道のり 600 m

(3) 歩いた時間を x 分，走った時間を y 分とすると，$\begin{cases} x+y=20 \\ 60x+120y=1500 \end{cases}$

歩いた道のり 900 m

走った道のり 600 m

解説

1 500 円硬貨を x 枚，100 円硬貨を y 枚とすると，

$\begin{cases} x+y=22 \\ 500x+100y=6200 \end{cases}$

2 鉛筆 1 本の値段を x 円，ノート 1 冊の値段を y 円とすると，$\begin{cases} 3x+5y=840 \\ 6x+7y=1320 \end{cases}$

3 (2) (1)の表より $\begin{cases} x+y=1500 \\ \dfrac{x}{60}+\dfrac{y}{120}=20 \end{cases}$

(3) 連立方程式を解くと，$x=15$，$y=5$
求めるのはそれぞれの道のりだから，
歩いた道のりは $60\times15=900$ (m)
走った道のりは $120\times5=600$ (m) となる。
ミス注意！ 連立方程式の解がそのまま問題の答えにならないときもあるので注意する。

p.19 予想問題 ❷

1 **自転車に乗った道のり 8 km**
歩いた道のり 6 km

2 (1) ㋐ $\dfrac{7}{100}x$ ㋑ $\dfrac{4}{100}y$

(2) $\begin{cases} x+y=425 \\ \dfrac{7}{100}x+\dfrac{4}{100}y=23 \end{cases}$

昨年の男子の生徒数 200 人
昨年の女子の生徒数 225 人

3 **ケーキ 50 個**
ドーナツ 100 個

解説

1 自転車に乗った道のりを x km，歩いた道のりを y km とすると，$\begin{cases} x+y=14 \\ \dfrac{x}{16}+\dfrac{y}{4}=2 \end{cases}$

2 (2) (1)の表より，$\begin{cases} x+y=425 \\ \dfrac{7}{100}x+\dfrac{4}{100}y=23 \end{cases}$

3 ケーキを x 個，ドーナツを y 個作ったとすると，
$\begin{cases} x+y=150 \\ \dfrac{6}{100}x+\dfrac{10}{100}y=13 \end{cases}$

p.20～p.21 章末予想問題

1 ㋒

2 (1) $x=-1$, $y=-2$
(2) $x=4$, $y=3$
(3) $x=2$, $y=4$
(4) $x=7$, $y=-5$
(5) $x=-2$, $y=-4$
(6) $x=2$, $y=1$

3 $a=-8$

4 **大人…1200 円**
中学生…1000 円

5 **A町からB町…8 km**
B町からC町…15 km

6 **新聞…144 kg**
雑誌…72 kg

解説

1 x，y の値の組を，2 つの方程式に代入して，どちらも成り立つかどうか調べる。

2 ポイント 係数に分数や小数をふくむ連立方程式は，係数が全部整数になるようにしてから解く。

3 ポイント 比例式の性質
$a:b=c:d$ ならば $ad=bc$ を利用する。
$x:y=4:5$ より，$4y=5x$ … ③
連立方程式の上の式を①，下の式を②とする。
①の $4y$ に，③の $5x$ を代入すると，
$3x-5x=8$ より $x=-4$
$x=-4$ を③に代入すると，
$4y=-20$ より $y=-5$
$x=-4$，$y=-5$ を②に代入すると，
$-4a-15=17$ より $a=-8$

5 A町からB町までの道のりを x km，B町からC町までの道のりを y km とすると，
$\begin{cases} x+y=23 \\ \dfrac{x}{4}+\dfrac{y}{5}=5 \end{cases}$

6 先月集めた新聞の重さを x kg，雑誌の重さを y kg とすると，下の表のようになる。

	新聞	雑誌	合計
先月 (kg)	x	y	200
今月 (kg)	$\dfrac{120}{100}x$	$\dfrac{90}{100}y$	216

連立方程式をつくると，
$\begin{cases} x+y=200 \\ \dfrac{120}{100}x+\dfrac{90}{100}y=216 \end{cases}$
この連立方程式を解くと，
$x=120$，$y=80$
これらは問題に適している。
今月集めた新聞の重さは $120\times\dfrac{120}{100}=144$ (kg)
今月集めた雑誌の重さは $80\times\dfrac{90}{100}=72$ (kg)

3章　1次関数

p.23 テスト対策問題

1 (1) 変化の割合…3　y の増加量…9
(2) 変化の割合…-1　y の増加量…-3
(3) 変化の割合…$\frac{1}{2}$　y の増加量…$\frac{3}{2}$
(4) 変化の割合…$-\frac{1}{3}$　y の増加量…-1

2 (1) ㋐ 傾き…4　切片…-2
㋑ 傾き…-3　切片…1
㋒ 傾き…$-\frac{2}{3}$　切片…-2
㋓ 傾き…4　切片…3
(2) ㋑，㋒
(3) ㋐と㋓

3 (1) $y=-2x+2$
(2) $y=-x+4$
(3) $y=2x+3$

解説

1 1次関数 $y=ax+b$ の変化の割合は一定で，その値は x の係数 a に等しい。
また，(y の増加量)$=a\times$(x の増加量)

2 (1) 1次関数 $y=ax+b$ のグラフは，傾きが a，切片が b の直線である。
(2) グラフが右下がり → 傾きが負の数 ($a<0$)
(3) 平行な2直線 → 傾きが等しい

3 (1) 変化の割合が -2 より $y=-2x+b$ と表される。
$x=-1$ のとき $y=4$ だから，
$4=-2\times(-1)+b$ より $b=2$
(2) 切片が4より $y=ax+4$ と表される。
$x=3$，$y=1$ を代入すると，
$1=a\times3+4$ より $a=-1$
(3) 2点 (1, 5)，(3, 9) を通るから，
グラフの傾きは $\frac{9-5}{3-1}=\frac{4}{2}=2$ より
$y=2x+b$ と表される。
$x=1$，$y=5$ を代入すると，
$5=2\times1+b$ より $b=3$
別解 $y=ax+b$ が2点 (1, 5)，(3, 9) を通るので，$\begin{cases}5=a+b\\9=3a+b\end{cases}$
これを解くと，$a=2$，$b=3$

p.24 予想問題 ❶

1 (1) 4 L　(2) $y=4x+2$

2 (1) 変化の割合…6　y の増加量…24
(2) 変化の割合…$\frac{1}{4}$　y の増加量…1

3 (1) 傾き…5　切片…-4
(2) 傾き…-2
切片…0

4 (1) 右の図
(2) ㋐ $-7<y\leqq8$
㋑ $-1\leqq y<9$
㋒ $-\frac{1}{3}<y\leqq3$

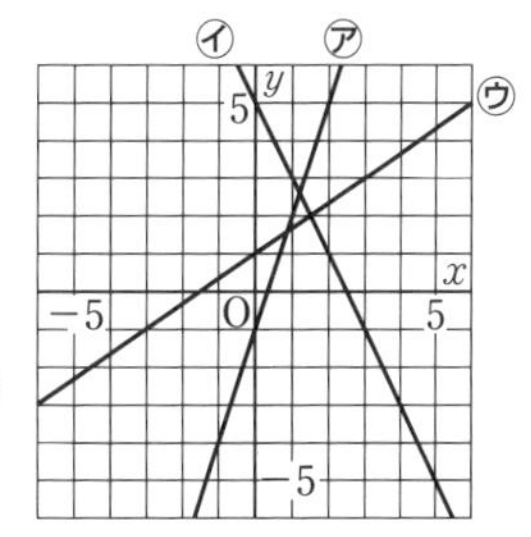

解説

2 (1) (y の増加量)$=6\times(6-2)=24$

3 (2) 直線 $y=-2x$ と y 軸との交点は (0, 0) だから，切片は0である。

4 (1) ポイント　1次関数 $y=ax+b$ のグラフをかくには，切片 b → 点 (0, b) をとる。
傾き a → (1, $b+a$) などの2点をとって，その2点を結ぶ直線をひく。
ただし，a，b が分数の場合には，x 座標，y 座標がともに整数となる2点を見つけて，その2点を結ぶ直線をひくとよい。
(2) y の変域を求めるためには，x の変域の両端の値 $x=-2$，$x=3$ に対応する y の値を求め，それらを y の変域の両端の値とする。
ミス注意！ 不等号 $<$，$\leqq$ の区別に注意する。

p.25 予想問題 ❷

1 (1) ㋐，㋒，㋓，㋕　(2) ㋑
(3) ㋒と㋓　(4) ㋐と㋕

2 (1) $y=-\frac{1}{3}x-3$　(2) $y=-\frac{5}{4}x+1$
(3) $y=\frac{3}{2}x-2$

3 (1) $y=2x+1$　(2) $y=3x-1$
(3) $y=\frac{2}{3}x+1$

解説

1 (1) グラフが右上がりの直線 → 傾きが正
(2) $(-3, 2)$ を通る。→ $x=-3$，$y=2$ を代入すると，左辺と右辺が等しくなる。

(3) 平行な 2 直線 → 傾きが等しい。

(4) y 軸上で交わる。→ 切片が等しい。

2 まず，切片を読みとる。次に，グラフ上の x 座標，y 座標がともに整数である点を見つけ，傾きを考える。

3 (1) 変化の割合が 2 より $y=2x+b$ と表される。$x=1$ のとき $y=3$ だから，
$3=2\times1+b$ より $b=1$

(2) 切片が -1 より $y=ax-1$ と表される。
$x=1$，$y=2$ を代入すると，
$2=a\times1-1$ より $a=3$

(3) 2 点 $(-3,\ -1)$，$(6,\ 5)$ を通るから，
傾きは $\dfrac{5-(-1)}{6-(-3)}=\dfrac{6}{9}=\dfrac{2}{3}$ より

$y=\dfrac{2}{3}x+b$ と表される。$x=-3$，$y=-1$ を代入すると，$-1=\dfrac{2}{3}\times(-3)+b$ より $b=1$

別解 $y=ax+b$ が $(-3,\ -1)$，$(6,\ 5)$ を通るので，$\begin{cases}-1=-3a+b\\5=6a+b\end{cases}$

この連立方程式を解くと，$a=\dfrac{2}{3}$，$b=1$

p.27 テスト対策問題

1

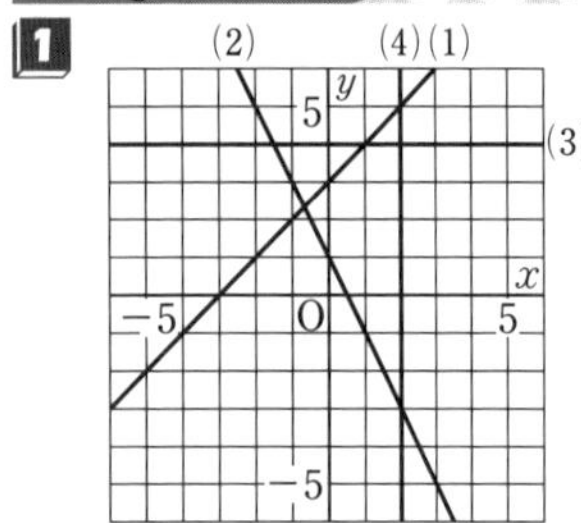

2 **グラフ…右の図**
解…$x=2$，$y=4$

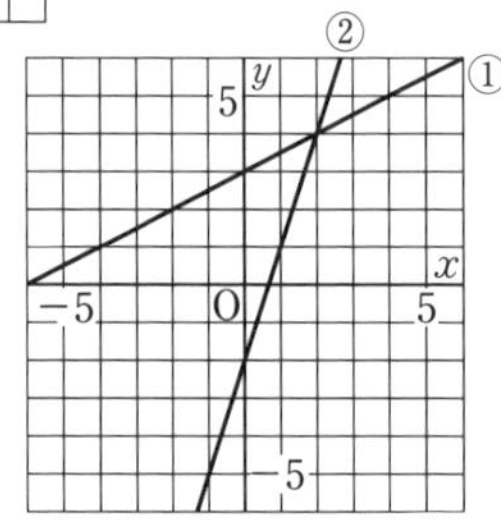

3 (1) ① $\boldsymbol{y=-x-2}$
② $\boldsymbol{y=2x-3}$

(2) $\left(\dfrac{1}{3},\ -\dfrac{7}{3}\right)$

解説

1 $ax+by=c$（ただし，$b\neq0$ とする。）を y について解いて，$y=-\dfrac{a}{b}x+\dfrac{c}{b}$
という形にしてから，グラフをかくとよい。
グラフは必ず直線になる。
また，$y=m$ のグラフは，点 $(0,\ m)$ を通り，x 軸に平行な直線となる。
また，$x=n$ のグラフは，点 $(n,\ 0)$ を通り，y 軸に平行な直線となる。

2 $x-2y=-6$ を y について解くと，$y=\dfrac{1}{2}x+3$
$3x-y=2$ を y について解くと，$y=3x-2$
2 つのグラフをかいて，交点の座標を読みとる。

3 (2) グラフの交点の座標を読みとることができないので，(1)で求めた①，②の式を連立方程式として解くことによって，交点の座標を求める。

p.28 予想問題 ❶

1

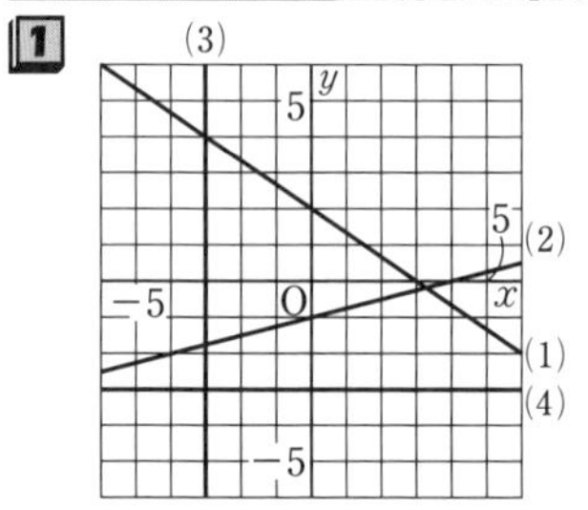

2 (1) ㋐ (2) ㋒ (3) ㋑

3 **グラフは右の図**
解は
$x=-3$，$y=-4$

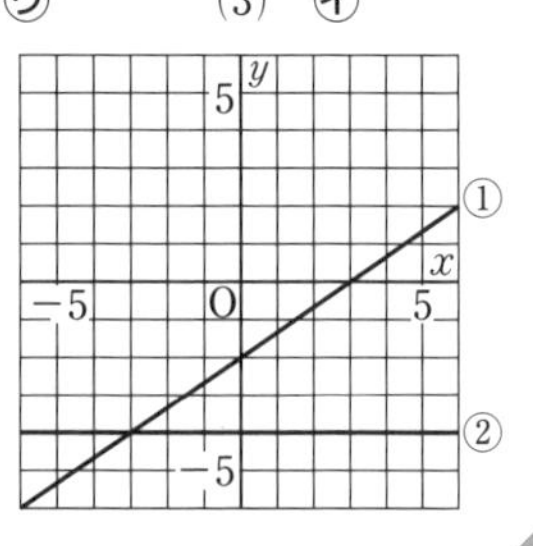

解説

2 上の式を①，下の式を②とする。

(1) ①より $y=-3x+7$，②より $y=-3x-1$
傾きが等しく，切片が異なるから，グラフは平行となり，交点がない。

(2) ①＋②×3 より $x=3$
$x=3$ を②に代入すると，
$15+y=16$ より $y=1$
2 つのグラフの交点は $(3,\ 1)$

(3) ①より $y=2x-1$，②より $y=2x-1$
2 つのグラフは一致するから，解は無数にある。

p.29 予想問題 ❷

1 (1) 分速 400 m

(2) 分速 100 m

(3)

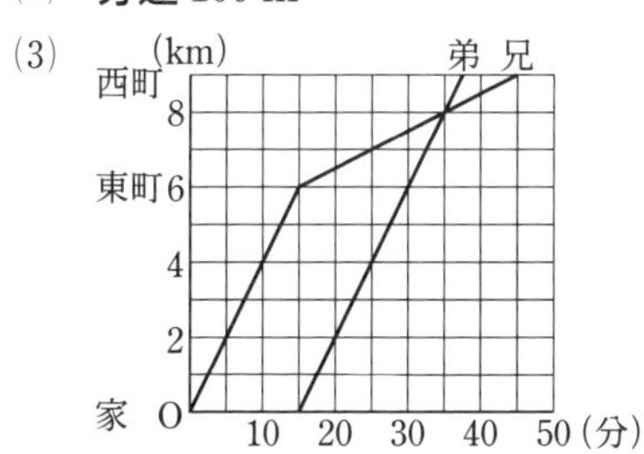

追いつく時刻　午前 9 時 35 分

2 (1) $y=2x$

(2) $y=10$

(3) $y=-2x+28$

(4)

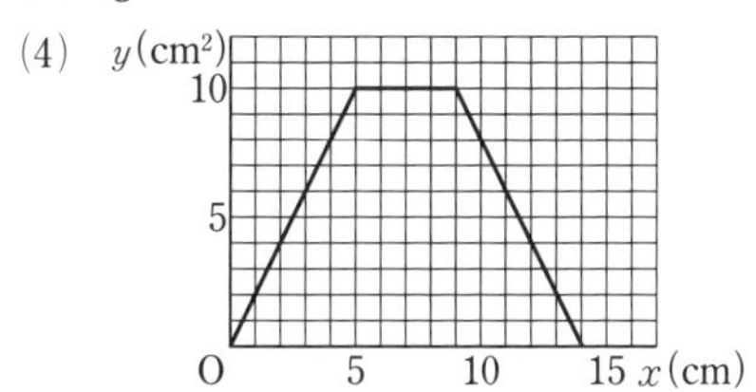

解説

1 (1) グラフから，10 分間に 4 km (4000 m) 進んでいるから，

$4000 \div 10 = 400$ (m/分)

(2) グラフから，10 分間に 1 km (1000 m) 進んでいるから，

$1000 \div 10 = 100$ (m/分)

(3) 分速 400 m だから，10 分間に 4000 m すなわち 4 km 進む。このようすを表すグラフを問題の図にかき入れ，グラフの交点の座標を読みとって，弟が兄に追いつく時刻を求めればよい。

2 (1) $y=4 \times x \div 2$ より $y=2x$

(2) $y=4 \times 5 \div 2$ より $y=10$

(3) $y=4 \times (14-x) \div 2$ より $y=-2x+28$

ミス注意！ 点 P が辺 AD 上にあるとき，

AP＝(BC＋CD＋AD)
　－(点 P が点 B から動いた長さ)
＝$(5+4+5)-x$
＝$14-x$ (cm) になる。

(4) x の変域に注意してグラフをかく。

$0 \leqq x \leqq 5$ のとき　$y=2x$

$5 \leqq x \leqq 9$ のとき　$y=10$

$9 \leqq x \leqq 14$ のとき $y=-2x+28$

p.30～p.31 章末予想問題

1 ㋑，㋒

2 (1) 傾き…-2　　切片…2

(2) $-\frac{3}{2} \leqq x \leqq \frac{7}{2}$

3 (1) $y=-\frac{1}{2}x-1$　　(2) $y=-3x+4$

(3) $y=\frac{4}{3}x-4$

4 (1) (1, 3)　　(2) (10, -6)

5 (1) $y=6x+22$　　(2) 12 分後

6 (1) $y=-6x+42$　　(2) 6 km

解説

1 比例 $y=ax$ は，1 次関数 $y=ax+b$ で $b=0$ という特別な場合である。

4 (1) 直線 ℓ の式は，切片が 2 で，点 $(-2, 0)$ を通るから，$y=x+2$ となる。この式に $x=1$ を代入すると，$y=3$ より，A(1, 3)

(2) 直線 m は，2 点 (1, 3)，(4, 0) を通るから，

$y=-x+4$ … ①

直線 n は，2 点 $(-2, 0)$，$(0, -1)$ を通るから，

$y=-\frac{1}{2}x-1$ … ②

①，②を連立方程式として解くと，

$x=10$，$y=-6$ より，B(10, -6)

5 (1) 変化の割合が 6 で，

$x=0$ のとき $y=22$ だから，$y=6x+22$

(2) (1)で求めた式に $y=94$ を代入する。

6 (1) グラフから，$5 \leqq x \leqq 7$ のときの変化の割合は -6 と読みとれるので，$y=-6x+b$ に (7, 0) を代入すると，$b=42$

よって，$y=-6x+42$ … ①

(2) 妹の進むようすを表すグラフは直線 AB で，グラフより，姉と出会うのは，

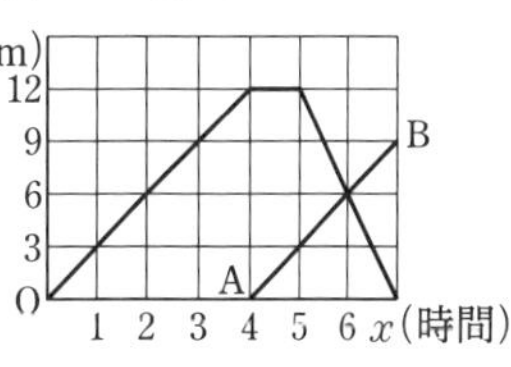

妹が家を出発してから 2 時間後で，家から 6 km の地点とわかる。

別解 妹の進むようすを表す式は $y=3x-12$ …② だから，①，②を連立方程式として解いて求めることもできる。

4章　図形の性質と合同

p.33　テスト対策問題

1 (1)　$\angle d$　(2)　$\angle c$　(3)　$\angle e$

(4)　$\angle a=115°$　$\angle b=65°$　$\angle c=65°$

$\angle d=115°$　$\angle e=65°$　$\angle f=115°$

2 (1)　2本　(2)　3個　(3)　540°

3 (1)　900°　(2)　135°　(3)　360°

(4)　36°

解説

1 (4)　対頂角は等しいから，$\angle a=115°$

$\angle b=180°-115°=65°$

$\ell /\!/ m$ より錯角，

同位角は等しいから，

$\angle c=\angle b=65°$

$\angle d=\angle a=115°$

対頂角は等しいから，

$\angle e=\angle c=65°$，$\angle f=\angle d=115°$

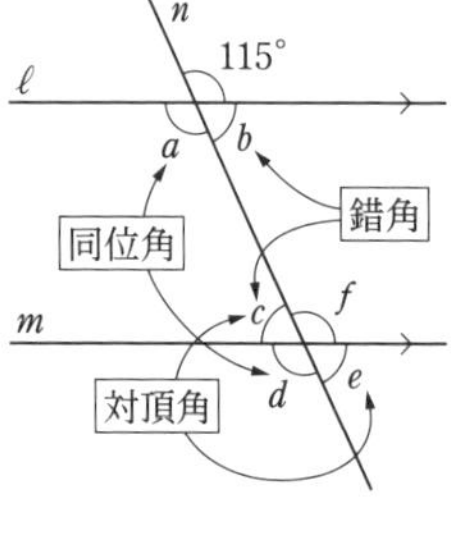

3 (1)　七角形の内角の和は $180°\times(7-2)=900°$

(2)　正八角形の内角の和は

$180°\times(8-2)=1080°$　正八角形の内角はすべて等しいから，$1080°\div8=135°$

(3)　多角形の外角の和は 360°

(4)　正十角形の外角はすべて等しいから，

$360°\div10=36°$

p.34　予想問題 ❶

1 (1)　$\angle c$

(2)　$\angle a=40°$　$\angle b=80°$

$\angle c=40°$　$\angle d=60°$

2 (1)　$\angle a$ の同位角…$\angle c$

$\angle a$ の錯角…$\angle e$

(2)　$\angle b=60°$　$\angle c=120°$

$\angle d=60°$　$\angle e=120°$

3 (1)　$a /\!/ d$，$b /\!/ c$

(2)　$\angle x$ と $\angle v$，$\angle y$ と $\angle z$

4 (1)　35°　(2)　105°　(3)　80°

解説

1 (2)　$\angle a=180°-(80°+60°)=40°$

対頂角は等しいから，$\angle c=40°$

2 (2)　$\ell /\!/ m$ より同位角，錯角が等しいから，

$\angle c=\angle a=120°$，$\angle e=\angle a=120°$

3 平行線の同位角や錯角の性質を使う。

4 (1)　55° の同位角を三角形の外角とみると，

$\angle x=55°-20°=35°$

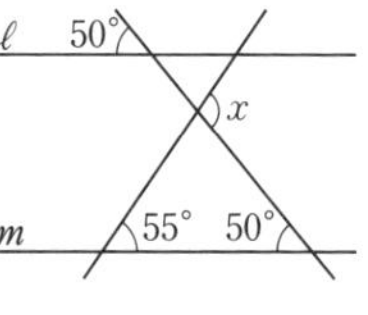

(2)　$\angle x$ を三角形の外角とみると，

$\angle x=55°+50°=105°$

(3)　右の図のように，$\angle x$ の頂点を通り，ℓ，m に平行な直線をひくと，

$\angle x=45°+35°=80°$

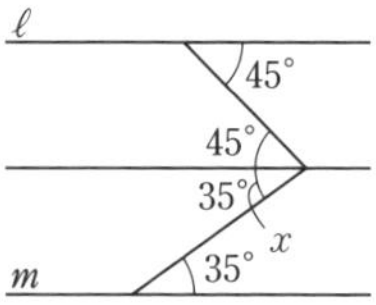

p.35　予想問題 ❷

1 (1)　180°　(2)　1080°　(3)　360°

2 (1)　1080°　(2)　十角形　(3)　正八角形

3 (1)　110°　(2)　95°　(3)　70°

解説

1 (1)　1つの頂点について，内角と外角は一直線上に並ぶから，その和は 180° になる。

(3)　$1080°-180°\times(6-2)=360°$

2 (2)　求める多角形を n 角形とすると，

$180°\times(n-2)=1440°$ より $n=10$

(3)　1つの外角が 45° である正多角形は，

$360°\div45°=8$ より正八角形である。

3 (1)　四角形の外角の和は 360° だから，

$\angle x=360°-(115°+70°+65°)=110°$

(2)　四角形の内角の和は 360° だから，

$\angle x=360°-(70°+86°+109°)=95°$

(3)　五角形の内角の和は 540° だから，

$540°-(110°+100°+130°+90°)=110°$

$\angle x=180°-110°=70°$

p.37　テスト対策問題

1 (1)　四角形 ABCD≡四角形 GHEF

(2)　CD=4 cm　EH=5 cm

(3)　$\angle$C=70°　$\angle$G=120°

(4)　対角線 AC に対応する対角線

…対角線 GE

対角線 FH に対応する対角線

…対角線 DB

2 CA=FD… 3組の辺がそれぞれ等しい。

（$\angle$B=$\angle$E… 2組の辺とその間の角がそれぞれ等しい。）

3 (1) 仮定…△ABC≡△DEF
結論…∠B＝∠E
(2) 仮定…x が 4 の倍数
結論…x は偶数
(3) 仮定…一の位の数が 5 である整数
結論… 5 の倍数

解説

1 (2) 対応する線分の長さは等しいから，
CD＝EF＝4 cm，EH＝CB＝5 cm
(3) ∠G＝360°−(70°＋90°＋80°)＝120°
2 三角形の合同条件にあてはめて考える。
3 (3) 「ならば」を使った文に書きかえてみる。

p.38 予想問題 ❶

1 △ABC≡△STU
1 組の辺とその両端の角がそれぞれ等しい。
△GHI≡△ONM
2 組の辺とその間の角がそれぞれ等しい。
△JKL≡△RPQ
3 組の辺がそれぞれ等しい。
2 (1) △AMD≡△BMC
1 組の辺とその両端の角がそれぞれ等しい。
(2) △ABD≡△CDB
2 組の辺とその間の角がそれぞれ等しい。
(3) △AED≡△FEC
1 組の辺とその両端の角がそれぞれ等しい。

解説

1 **2** 三角形の合同条件は，とても重要なので，正しく覚えておこう。

p.39 予想問題 ❷

1 (1) 仮定…AB＝CD，AB∥CD
結論…AD＝CB
(2) ㋐ CD　㋑ 共通な辺
㋒ DB　㋓ 錯角
㋔ ∠CDB
㋕ 2 組の辺とその間の角
㋖ 対応する辺の長さは等しい
㋗ CB
2 △ABE と △ACD において，
仮定から　AB＝AC　… ①
AE＝AD　… ②
共通な角だから，
∠BAE＝∠CAD　… ③
①，②，③より，2 組の辺とその間の角がそれぞれ等しいから，△ABE≡△ACD
合同な図形では対応する角の大きさは等しいから，∠ABE＝∠ACD

解説

1 参考 証明の根拠としては，対頂角の性質や三角形の角の性質などを使うことがある。

p.40～p.41 章末予想問題

1 (1) ∠a，∠m　(2) ∠d，∠p
(3) 180°　(4) ∠e，∠m，∠o
2 (1) 39°　(2) 70°　(3) 105°
(4) 60°　(5) 60°　(6) 30°
3 (1) 40°　(2) 十二角形
4 (1) △ADE　(2) AE　(3) ∠AED
(4) 1 組の辺とその両端の角
(5) 対応する辺の長さ
5 △ABC と △DCB において，
仮定から　AC＝DB　… ①
∠ACB＝∠DBC　… ②
共通な辺だから，
BC＝CB　… ③
①，②，③より，2 組の辺とその間の角がそれぞれ等しいから，
△ABC≡△DCB
合同な図形では対応する辺の長さは等しいから，　AB＝DC

解説

1 (4) ∠c＝∠i より，直線③と直線④は平行。
2 (5) 右の図のように，∠x，45° の角の頂点を通り，ℓ，m に平行な 2 つの直線をひくと，

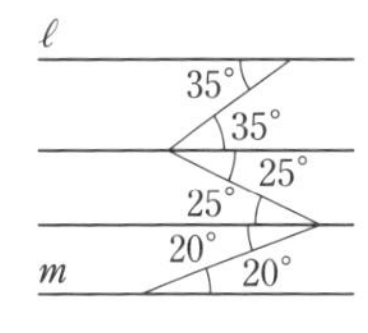

∠x＝(45°−20°)＋35°＝60°
(6) 右の図のように，三角形を 2 つつくると，

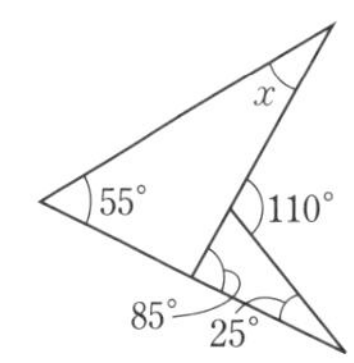

∠x＋55°＝110°−25° より
∠x＝30°
3 (1) 360°÷9＝40°
(2) 180°×(n−2)＝1800° を解く。

5章　三角形と四角形

p.43 テスト対策問題

1 (1) 52°　(2) 55°　(3) 20°

2 ㋐ ACE　㋑ AC　㋒ CE
㋓ ACE　㋔ 2組の辺とその間の角
㋕ ACE

3 △ABC≡△KJL…直角三角形の斜辺と他の1辺がそれぞれ等しい。
△GHI≡△OMN…直角三角形の斜辺と1つの鋭角がそれぞれ等しい。

解説

1 (1) 二等辺三角形の2つの底角は等しいから，
$\angle x=180°-64°\times2=52°$
(3) 二等辺三角形の頂角の二等分線は，底辺を垂直に2等分するから，∠ADB＝90°
よって，$\angle x=180°-(90°+70°)=20°$

p.44 予想問題 ❶

1 (1) 70°　(2) 90°

2 (1) $\angle x=90°$，$\angle y=100°$　(2) 3 cm

3 二等辺三角形ABCの2つの底角は等しいから，　∠ABC＝∠ACB
よって，$\frac{1}{2}\angle ABC=\frac{1}{2}\angle ACB$
∠PBC＝∠PCB
2つの角が等しいから，
△PBCは二等辺三角形である。

4 AD∥BCより，錯角は等しいから，
∠FDB＝∠CBD　…①
また，折り返した角は等しいから，
∠FBD＝∠CBD　…②
①，②より，∠FDB＝∠FBD
2つの角が等しいから，
△FBDは二等辺三角形である。

解説

1 (1) 二等辺三角形DBCの2つの底角が等しいことと，三角形の内角と外角の性質から，
∠ADB＝35°×2＝70°
(2) 二等辺三角形DABの2つの底角は等しいから，∠DBA＝(180°−70°)÷2＝55°
よって，∠ABC＝∠DBA＋∠DBC
＝55°＋35°＝90°

p.45 予想問題 ❷

1 (1) △ABDと△ACE
(2) △BCEと△CBD…直角三角形の斜辺と1つの鋭角がそれぞれ等しい。

2 △POCと△PODにおいて，
仮定から
∠PCO＝∠PDO＝90°　…①
∠POC＝∠POD　…②
共通な辺だから，PO＝PO　…③
①，②，③より，直角三角形の斜辺と1つの鋭角がそれぞれ等しいから，
△POC≡△POD
合同な図形では対応する辺の長さは等しいから，PC＝PD

3 (1) $a+b=7$ ならば $a=4$，$b=3$ である。
正しくない。反例…$a=1$，$b=6$
(2) 2直線に1つの直線が交わるとき，同位角が等しければ，2直線は平行である。
正しい。
(3) 2つの角が等しい三角形は，二等辺三角形である。
正しい。

解説

3 (1) $a=1$，$b=6$ のときも，$a+b=7$ になるから，逆は正しくない。

p.47 テスト対策問題

1 (1) $x=40$ …平行四辺形の対角は等しい。
$y=140$ …平行四辺形の対角は等しい。
(2) $x=8$ …平行四辺形の対辺は等しい。
$y=3$ …平行四辺形の対角線はそれぞれの中点で交わる。

2 ㋐ 中点　㋑ OC　㋒ OD
㋓ OF　㋔ 対角線　㋕ 中点

3 (1) △DEC，△ABE
(2) 80 cm^2

解説

2 平行四辺形になるための条件は，5つある。

3 (1) 底辺が共通な三角形だけでなく，底辺が等しい三角形も忘れないようにする。

p.48 予想問題 ❶

1 (1) 64° (2) 8 cm

2 ㋐ CDF ㋑ 90° ㋒ CD
㋓ CDF ㋔ 斜辺と1つの鋭角
㋕ CF ㋖ CF
㋗ 1組の対辺が平行でその長さ

3 (1) いえる。 (2) いえない。

解説

3 ポイント 条件をもとに図をかくとよい。

(1) ∠A の外角は112°で錯角が等しいから、
AD∥BC
よって、1組の対辺が平行でその長さが等しい。

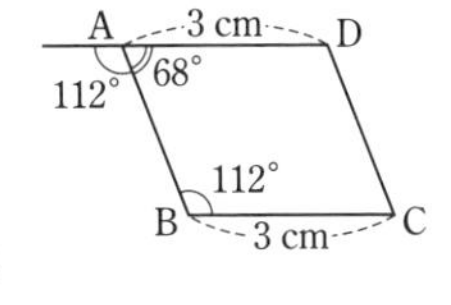

(2) 右の図のように、平行四辺形にならない。平行四辺形ならば、対角線はそれぞれの中点で交わる。

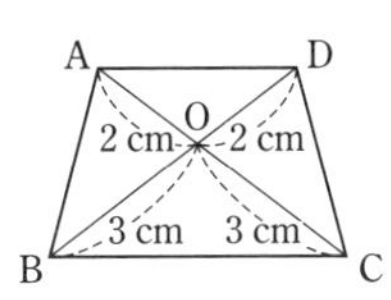

p.49 予想問題 ❷

1 ① ㋓, ㋕ ② ㋑, ㋒
③ ㋑, ㋒ ④ ㋓, ㋕

2 (1) △ABO と △ADO において、
仮定から ∠AOB=∠AOD (=90°)… ①
平行四辺形の対角線はそれぞれ中点で交わるから、BO=DO … ②
共通な辺だから、AO=AO … ③
①, ②, ③より、2組の辺とその間の角がそれぞれ等しいから、△ABO≡△ADO

(2) (1)より、合同な図形では対応する辺の長さは等しいから、AB=AD … ①
平行四辺形の対辺は等しいから、
AB=DC, AD=BC … ②
①, ②より、AB=BC=CD=DA
よって、▱ABCD は4つの辺が等しいから、ひし形である。

3

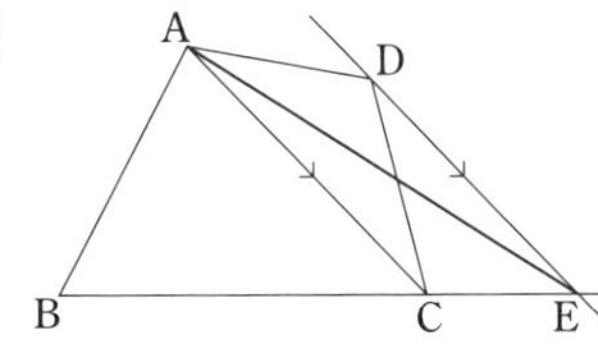

㋐ ACD
㋑ ACE
㋒ ACE

解説

2 (2) ひし形は、4つの辺が等しい。

p.50～p.51 章末予想問題

1 (1) $\angle x=80°$ $\angle y=25°$
(2) $\angle x=40°$ $\angle y=100°$
(3) $\angle x=30°$ $\angle y=105°$

2 △EBC と △DCB において、
仮定から BE=CD … ①
二等辺三角形 ABC の2つの底角は等しいから、∠EBC=∠DCB … ②
共通な辺だから、BC=CB … ③
①, ②, ③より、2組の辺とその間の角がそれぞれ等しいから、
△EBC≡△DCB
合同な図形では対応する角の大きさは等しいから、∠FCB=∠FBC
よって、2つの角が等しいから、
△FBC は二等辺三角形である。

3 (1) △ABD≡△EBD…直角三角形の斜辺と1つの鋭角がそれぞれ等しい。
(2) 線分 DA, 線分 CE

4 平行線の錯角は等しいから、
仮定から ∠PAQ=∠PAB … ①
AD∥BC より ∠APB=∠PAQ … ②
①, ②より ∠APB=∠PAB
△BAP は二等辺三角形だから、
BA=BP … ③
同様にして、DC=DQ … ④
平行四辺形の対辺はそれぞれ等しいから、
AD=BC, AB=DC … ⑤
③, ④, ⑤より DQ=BP だから、
AQ=AD−DQ=BC−BP=PC
よって、四角形 APCQ は1組の対辺が平行でその長さが等しいから、平行四辺形である。

5 ひし形

6 △BEF, △CED

解説

3 (2) △DEC も直角二等辺三角形になる。

5 △APS, △BPQ, △CRQ, △DRS はどれも合同だから、PS=PQ=RQ=RS となる。

6 BE=EC より △BED=△CED
また、△BEF と △CED において、1組の辺とその両端の角がそれぞれ等しいから合同になるので、面積が等しい。

6章　データの活用

p.53 テスト対策問題

1 (1) **12 m**　(2) **30 m**
(3) **14 m**　(4) **18 m**
(5) **24 m**　(6) **18 m**
(7) **10 m**
(8)

10 12 14 16 18 20 22 24 26 28 30 (m)

2 (1) **グループB**　(2) **グループA**
(3) **グループA**

解説

1 第1四分位数　中央値　第3四分位数

12 13 14 14 15 17 18 18 20 21 23 24 27 28 30

(6) (範囲)＝(最大値)－(最小値) より
$30-12=18$ (m)

(7) (四分位範囲)
＝(第3四分位数)－(第1四分位数) より
$24-14=10$ (m)

2 (1) (最大値)－(最小値) を計算して比べる。
「ひげと箱の長さの合計」を比べてもよい。
(3) 「箱」の長さを比べる。

p.54 予想問題

1 (1) **A地点…30°C**
B地点…26.5°C
(2) **A地点…32°C**
B地点…28°C
(3) **A地点…35°C**
B地点…29°C
(4) **A地点…8°C**
B地点…7°C
(5) **A地点…5°C**
B地点…2.5°C
(6)

A地点
B地点
24 25 26 27 28 29 30 31 32 33 34 35 36 (℃)

(7) **A地点**

解説

1 A地点は
第1四分位数　中央値　第3四分位数

28 30 ● 30 31 32 34 35 ● 35 36

B地点は
第1四分位数　中央値　第3四分位数

25 26 ● 27 27 28 28 28 ● 30 32

(7) A地点の方が「ひげ」や「箱」が長くなっている。

p.55 章末予想問題

1 (1) **50 kg**　(2) **11 kg**
(3) **4 kg**　(4) **㋑**

2 (1) **10点**　(2) **13点**
(3) **17点**　(4) **7点**

解説

1 最小値…44 kg
最大値…55 kg
第1四分位数…48 kg
第2四分位数 (中央値)…50 kg
第3四分位数…52 kg

(2) (範囲)＝(最大値)－(最小値) より
$55-44=11$ (kg)

(3) (四分位範囲)
＝(第3四分位数)－(第1四分位数) より
$52-48=4$ (kg)

2 データの値を小さい順に並べると,
2, 6, 8, 8, 10, 10, 10, 10, 10, 10,
12, 12, 12, 12, 12, 12, 12, 12, 14, 14,
14, 14, 14, 16, 16, 16, 16, 18, 18, 18,
18, 18, 18, 18, 20, 20
になる。

(1) $(10+10)\div2=10$ (点)

(2) データの数が36個だから,
第2四分位数 (中央値) は18番目と19番目の平均になるから,
$(12+14)\div2=13$ (点)

(3) $(16+18)\div2=17$ (点)

(4) $17-10=7$ (点)

中間・期末の攻略本

テストに出る！

5分間攻略ブック

数研出版版

数学
2年

重要事項をサクッと確認

よく出る問題の
解き方をおさえる

赤シートを
活用しよう！

テスト前に最後のチェック！
休み時間にも使えるよ♪

「5分間攻略ブック」は取りはずして使用できます。

1章　式の計算

教科書 p.15~p.27

次のことばを答えよう。

□ 数や文字をかけ合わせただけの式。

単項式

□ 単項式の和の形で表される式。

多項式

□ 単項式において，かけ合わされている文字の個数。

単項式の次数

□ 多項式で，文字の部分が同じである項。

同類項

次の問いに答えよう。

□ 多項式 $2x^2-4xy+5$ の項は？

$2x^2$，$-4xy$，5

□ 単項式 $4x^2y$ の次数は？

❋ $4x^2y=4\times x\times x\times y$

3

□ 多項式 $2x^2-4xy+5$ は何次式？

❋ 次数が2の式を2次式という。

2次式

多項式の次数は，各項の次数のうちでもっとも大きいものだよ。

次の計算をしよう。

□ $(5x-4y)+(2x-y)$

$=5x-4y$ $\boxed{+2x-y}$

$=\boxed{7x-5y}$ ❋ 同類項をまとめる。

□ $(5x-4y)-(2x-y)$

$=5x-4y$ $\boxed{-2x+y}$

$=\boxed{3x-3y}$

□ $8(4x-3y)$ ❋ $8\times4x+8\times(-3y)$

$=\boxed{32x-24y}$

□ $(48x-36y)\div6$ ❋ $(48x-36y)\times\frac{1}{6}$

$=\boxed{8x-6y}$

□ $7x\times(-3y)$ ❋ $7\times(-3)\times x\times y$

$=\boxed{-21xy}$

□ $16xy\div(-4x)$ ❋ $-\frac{16\times x\times y}{4\times x}$

$=\boxed{-4y}$

□ $-4xy\div(-12x)\times9y$

$=\frac{4xy\times\boxed{9y}}{\boxed{12x}}$ ❋ $\frac{4\times x\times y\times9\times y}{12\times x}$

$=\boxed{3y^2}$

◎ 攻略のポイント

多項式の計算

加法 ➡ すべての項を加える。

減法 ➡ ひく式の各項の符号を変えてすべての項を加える。

乗法 ➡ 係数の積に文字の積をかける。

除法 ➡ 式を分数の形に書いて約分するか，乗法になおして計算する。

1章　式の計算

教科書 p.28~p.39

$x=4$，$y=3$のとき，次の式の値を求めよう。

□ $3(2x-y)-2(4x-3y)$

$=6x-3y$ $\boxed{-8x+6y}$

$=-2x+3y=\boxed{1}$

✽$(-2)\times4+3\times3$

□ $-72xy^2\div9xy=-\dfrac{72xy^2}{\boxed{9xy}}$

$=-8y=\boxed{-24}$

✽-8×3

次のことばや式を答えよう。

□ n を整数としたときの $2n$。

偶数（2の倍数）

□ n を整数としたときの $2n+1$。

奇数

□ もっとも小さい整数を n としたとき，連続する3つの整数。

n，$n+1$，$n+2$

□ 十の位の数を x，一の位の数を y としたときの2けたの自然数。

$10x+y$

次の等式を〔 〕内の文字について解こう。

□ $x+4y=3$　〔x〕

$x=\boxed{3-4y}$　✽$-4y+3$でもよい。

□ $x+4y=3$　〔y〕

$4y=\boxed{3-x}$

$y=\boxed{\dfrac{3-x}{4}}$　✽$\dfrac{3}{4}-\dfrac{1}{4}x$ または $-\dfrac{1}{4}x+\dfrac{3}{4}$でもよい。

□ $3xy=9$　〔x〕

$x=\dfrac{9}{\boxed{3y}}$

$x=\boxed{\dfrac{3}{y}}$

□ $\dfrac{1}{3}xy=9$　〔x〕　✽$xy=27$

$x=\boxed{\dfrac{27}{y}}$

□ $2(a+b)=c$　〔b〕

$\boxed{2a}+2b=c$

$2b=c-\boxed{2a}$

$b=\boxed{\dfrac{c-2a}{2}}$　✽$\dfrac{c}{2}-a$でもよい。

等式の性質を使って変形するんだね。

◎ 攻略のポイント

等式の変形

x，y についての等式を変形して，「$y=\cdots\cdots$」の形の等式を導くことを，等式を y について解くという。

例 $9x-y=15$　〔y〕

$-y=-9x+15$　（$9x$ を移項する。）

$y=9x-15$　（両辺を -1 でわる。）

2章　連立方程式

教科書 p.41~p.53

次のことばを答えよう。

□ 2つの文字をふくむ1次方程式。　2元1次方程式

□ 方程式をいくつか組にしたもの。　連立方程式

□ 文字 x, y についての連立方程式から，y をふくまない1つの方程式をつくること。　y を消去する

□ 連立方程式で，左辺どうし，右辺どうしをたしたりひいたりして，1つの文字を消去して解く方法。　加減法

□ 連立方程式で，代入によって1つの文字を消去して解く方法。　代入法

次の問いに答えよう。

□ $x=3$, $y=-1$ が解となる連立方程式は？

㋐ $\begin{cases} 2x+3y=3 \\ x-4y=-1 \end{cases}$　㋑ $\begin{cases} 5x+9y=6 \\ x-2y=5 \end{cases}$

✿どちらの方程式も成り立たせる値の組が解。　㋑

次の連立方程式を解こう。

□ $\begin{cases} 2x+3y=1 & \cdots① \\ -x-3y=1 & \cdots② \end{cases}$

$$\begin{array}{rl} & 2x+3y=1 \\ +) & -x-3y=1 \\ \hline & x \quad = \boxed{2} \end{array}$$

✿ y を消去する。

これを①に代入すると，

$\boxed{4}+3y=1$　✿ $3y=-3$

$y=\boxed{-1}$

$x=2$, $y=-1$

□ $\begin{cases} 2x+3y=4 & \cdots① \\ x=4y-9 & \cdots② \end{cases}$

②を①に代入すると，

$2(\boxed{4y-9})+3y=4$　✿ x を消去する。

$\boxed{8y-18}+3y=4$

$11y=\boxed{22}$

$y=\boxed{2}$

これを②に代入すると，

$x=\boxed{8}-9$

$x=\boxed{-1}$

$x=-1$, $y=2$

◎ 攻略のポイント

連立方程式の解き方

連立方程式は，**加減法** または **代入法**を使って，1つの文字を**消去**して解く。
加減法を使って解くときに，文字の係数の絶対値が等しくないときは，
それぞれの式を何倍かして，係数の絶対値が等しくなるようにする。

2章　連立方程式

教科書 p.54~p.67

次の連立方程式の解き方を答えよう。

□ かっこのある連立方程式。

かっこをはずして整理する。

□ 係数に分数をふくむ連立方程式。

両辺に分母の最小公倍数をかける。

□ 係数に小数をふくむ連立方程式。

両辺に 10 や 100 などをかける。

□ $A=B=C$ の形をした方程式。

$\begin{cases} A=B \\ B=C \end{cases}$ $\begin{cases} A=B \\ A=C \end{cases}$ $\begin{cases} A=C \\ B=C \end{cases}$ の形にする。

次の問いに答えよう。

□ $\begin{cases} \frac{1}{3}x-\frac{2}{7}y=-1 & \cdots① \\ 5x-4y=-13 & \cdots② \end{cases}$ で，

①の係数を整数にした式は？

✽両辺に分母の最小公倍数 21 をかける。

$7x-6y=-21$

□ $\begin{cases} x+2y=-7 & \cdots① \\ 0.1x+0.09y=0.18 & \cdots② \end{cases}$ で，

②の係数を整数にした式は？

✽両辺に 100 をかける。　$10x+9y=18$

次の連立方程式をつくろう。

□ 1 個 90 円のパンと 1 個 110 円のドーナツを合わせて 15 個買うと，1530 円でした。パンを x 個，ドーナツを y 個買ったとしたときの連立方程式。

$\begin{cases} x+y=15 \\ 90x+110y=1530 \end{cases}$

□ 全体で 14km の山道を，峠（とうげ）までは時速 3km で，峠からは時速 4km で歩くと，全体で 4 時間かかりました。峠までを $x$km，峠からを $y$km としたときの連立方程式。

$\begin{cases} x+y=14 \\ \frac{x}{3}+\frac{y}{4}=4 \end{cases}$

□ 卓球部員は，去年は全体で 45 人でした。今年は男子が 20％増え，女子も 10％増えたので，全体で 7 人増えました。去年の男子部員を x 人，女子部員を y 人としたときの連立方程式。

$\begin{cases} x+y=45 \\ \frac{20}{100}x+\frac{10}{100}y=7 \end{cases}$

◎ 攻略のポイント

連立方程式を利用して問題を解く手順

1. 求める数量を文字で表す。
2. 等しい数量を見つけて，２つの方程式に表す。
3. 連立方程式を解く。
4. 解が実際の問題に適しているか確かめる。

3章　1次関数

教科書 p.69~p.74

次の問いに答えよう。

□ y が x の関数で，y が x の1次式で表されるとき，y は x の何という？

y は x の1次関数である

□ 一般に1次関数を表す式は？

$y=ax+b$

□ 比例は1次関数といえる？

❂ $y=ax+b$ の式で，$b=0$ の特別な場合。

いえる

□ 反比例は1次関数といえる？

❂ $y=\frac{a}{x}$ で，$y=ax+b$ の式で表されない。

いえない

□ x の増加量に対する y の増加量の割合を何という？　変化の割合

y が x の1次関数であるといえるか答えよう。

□ $y=3x-2$　いえる

□ $y=\frac{7}{x}$　❂反比例　いえない

□ $y=-x$　❂比例　いえる

□ $y=3x^2+2$　❂2次式　いえない

y が x の1次関数であるといえるか答えよう。

□ 30kmの道のりを x 時間で進んだときの時速 $y$km　❂ $y=\frac{30}{x}$　いえない

□ 1分間に0.5cmずつ短くなる，長さが10cmの線香に，火をつけてから x 分後の線香の長さ $y$cm

❂ $y=-0.5x+10$　いえる

□ 縦が $x$cm，横が20cmの長方形の面積 $y\text{cm}^2$　❂ $y=20x$　いえる

次の問いに答えよう。

□ 1次関数 $y=4x-3$ で，x の値が2から9まで増加するときの変化の割合は？

❂1次関数 $y=ax+b$ の変化の割合は一定であり，a に等しい。

4

□ 1次関数 $y=4x-3$ で，x の値が5増加するときの y の増加量は？

❂（y の増加量）$=a\times$（x の増加量）

20

◎ 攻略のポイント

1次関数の変化の割合

1次関数 $y=ax+b$ では，変化の割合は**一定**であり，その値は a に等しい。

（変化の割合）$=\dfrac{(y\text{ の増加量})}{(x\text{ の増加量})}=a$　　左の式より，（y の増加量）$=a\times$（x の増加量）

3章　1次関数

教科書 p.75~p.87

次の問いに答えよう。

□ 1次関数 $y=ax+b$ のグラフは，$y=ax$ のグラフを y 軸の正の方向にどれだけ平行移動させた直線？　b

□ 1次関数 $y=ax+b$ のグラフで，a は何を表す？　傾き

□ 1次関数 $y=ax+b$ のグラフで，b は何を表す？　切片

次の1次関数のグラフをかこう。

□ ① $y=3x-2$

✽傾き 3，切片 −2

□ ② $y=-2x+1$

✽傾き −2，切片 1

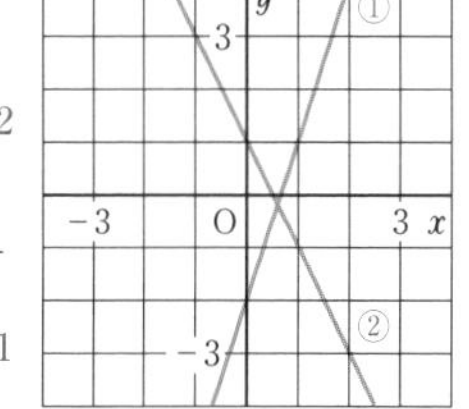

次の図の直線の式を求めよう。

□ ① $y=3x-1$

□ ② $y=-x-2$

□ ③ $y=\frac{1}{2}x+2$

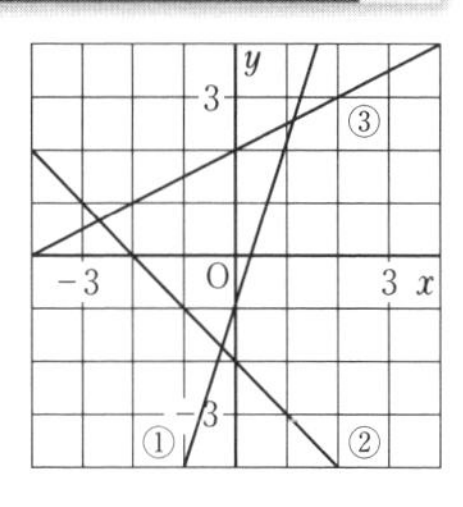

次の1次関数の式を求めよう。

□ グラフの傾きが4で，点 (1, 3) を通る1次関数の式は？

$y=$ [4] $x+b$ という式になる。

この式に $x=1$, $y=3$ を代入すると，

$b=$ [−1]　✽$3=4\times1+b$

$y=4x-1$

□ グラフの切片が9で，点 (3, −3) を通る1次関数の式は？

$y=ax+$ [9] という式になる。

この式に $x=3$, $y=-3$ を代入すると，$a=$ [−4]　✽$-3=3a+9$

$y=-4x+9$

□ 2点 (3, 1)，(6, 7) を通る直線の式は？

傾きは，$\frac{7-1}{6-3}=$ [2] だから，

$y=$ [2] $x+b$ という式になる。

この式に $x=3$, $y=1$ を代入すると，

$b=$ [−5]　✽$1=2\times3+b$

$y=2x-5$

◎ 攻略のポイント

1次関数のグラフ

1次関数 $y=ax+b$ では，次のことがいえる。

$a>0$ のとき ➡ グラフは右上がりの直線。

$a<0$ のとき ➡ グラフは右下がりの直線。

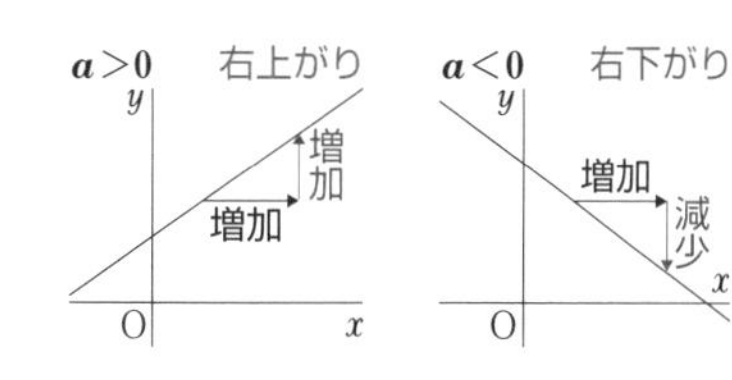

3章　1次関数

教科書 p.88~p.103

次の問いに答えよう。

□ 2元1次方程式 $ax+by=c$ のグラフはどんな線になる？　直線

□ 2元1次方程式 $ax+by=c$ のグラフで，$a=0$ の場合，x 軸，y 軸どちらに平行？　x 軸

□ 2元1次方程式 $ax+by=c$ のグラフで，$b=0$ の場合，x 軸，y 軸どちらに平行？　y 軸

次の方程式のグラフをかこう。

□ ① $3x+2y=-4$

✿ $y=-\frac{3}{2}x-2$

□ ② $2x-3y=-6$

✿ $x=0$ ➡ $y=2$
$y=0$ ➡ $x=-3$

□ ③ $9y=-27$

✿ $y=-3$

□ ④ $-7x=-14$

✿ $x=2$

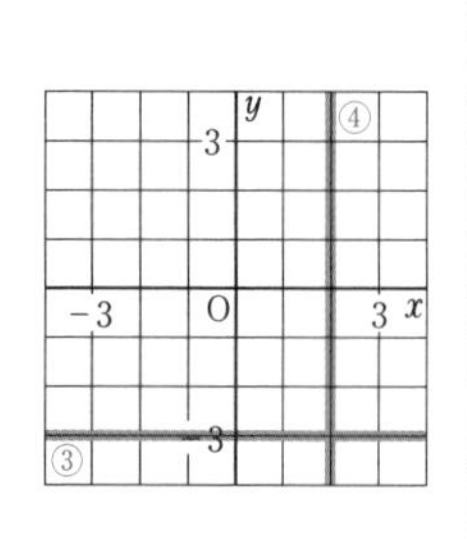

次の連立方程式の解をグラフから求めよう。

□ $\begin{cases} x-y=-4 & \cdots ① \\ x+2y=2 & \cdots ② \end{cases}$

✿グラフの交点の座標を読みとる。

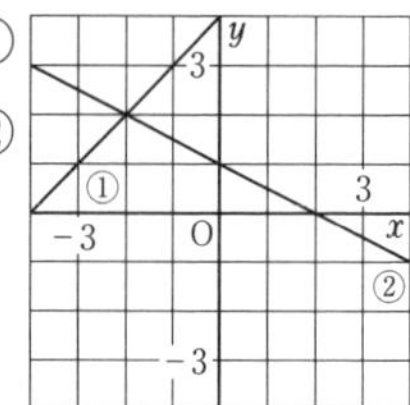

$x=-2,\ y=2$

次の問いに答えよう。

□ 右の①の式は？

$y=$ $\boxed{-x+2}$

□ 右の②の式は？

$y=$ $\boxed{3x-1}$

□ 上の①，②の交点の座標は？

①，②の式を連立方程式として解く。

②を①に代入すると，

$3x-1=\boxed{-x+2}$　$x=\boxed{\frac{3}{4}}$

✿ $4x=3$

これを①に代入すると，

$y=\boxed{-\frac{3}{4}}+2$　$y=\boxed{\frac{5}{4}}$

$\left(\frac{3}{4},\ \frac{5}{4}\right)$

◎ 攻略のポイント

連立方程式の解とグラフの交点

x，y についての連立方程式の解は，それぞれの方程式のグラフの交点の x 座標，y 座標の組で表される。

連立方程式の解

グラフの交点の座標

4章　図形の性質と合同

教科書 p.105~p.116

次のことばを答えよう。

□ 右の図の $\angle a$ と $\angle b$ のように向かい合っている2つの角。　対頂角

□ 右の図の $\angle c$ と $\angle d$ のような位置関係にある角。　同位角

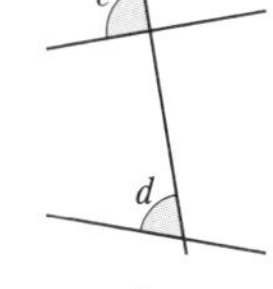

□ 右の図の $\angle e$ と $\angle f$ のような位置関係にある角。　錯角

次の図で，角の大きさを求めよう。

□ 右の図の $\angle a$

✽対頂角は等しい。

71°

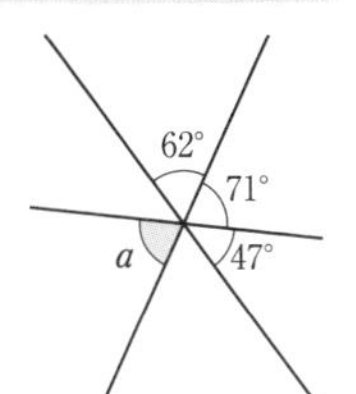

□ 右の図の $\angle b$

✽2直線が平行ならば，同位角は等しい。

113°

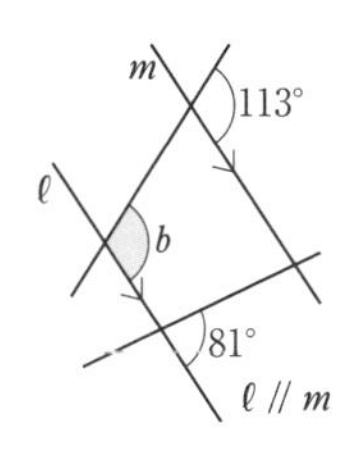

□ 右の図の $\angle c$

✽2直線が平行ならば，錯角は等しい。

81°

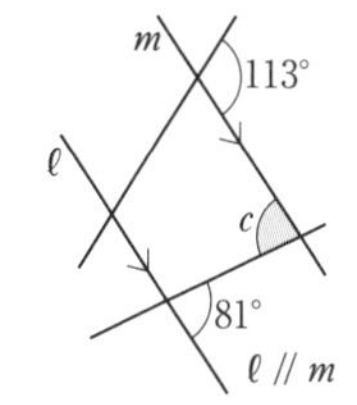

次の図で，角の大きさを求めよう。

□ 右の図の $\angle x$

✽180°−(50°+62°)
=68°

68°

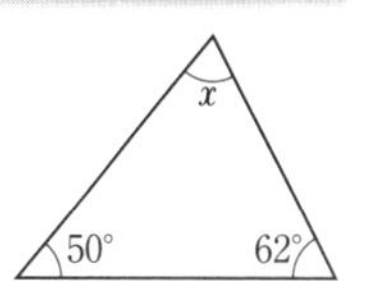

□ 右の図の $\angle x$

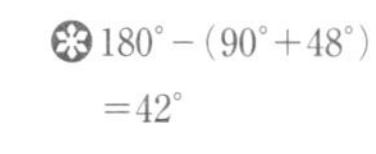

✽180°−(90°+48°)
=42°

42°

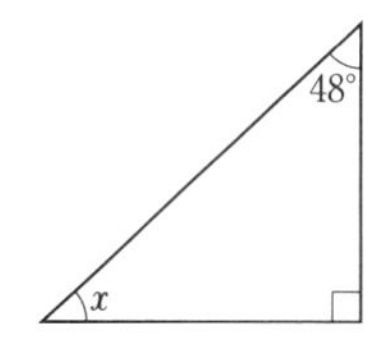

□ 右の図の $\angle x$

✽50°+75°
=125°

125°

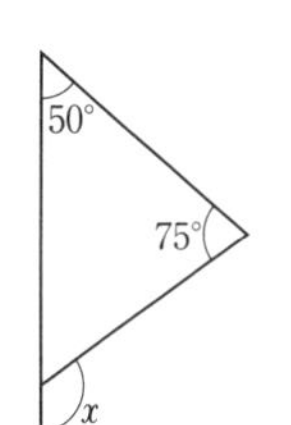

□ 右の図の $\angle x$

✽86°−51°
=35°

35°

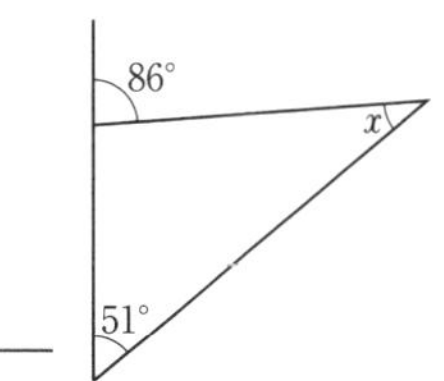

◎ 攻略のポイント

三角形の内角と外角の性質

・三角形の3つの内角の和は180°である。
・三角形の1つの外角は，それととなり合わない2つの内角の和に等しい。

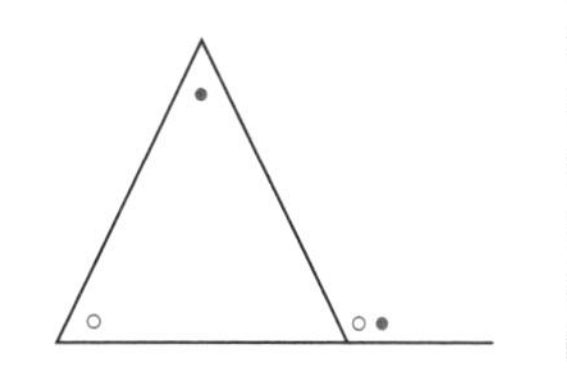

4章　図形の性質と合同

教科書 p.117~p.123

次の角の大きさを答えよう。

□ n 角形の内角の和。

$180° \times (n-2)$

□ 多角形の外角の和。

360°

次の問いに答えよう。

□ 二十二角形の内角の和は？

❂ $180° \times (22-2) = 180° \times 20$
$= 3600°$

3600°

□ 内角の和が 900° の多角形は何角形？

❂ $180° \times (n-2) = 900°$
$n-2=5$
$n=7$

七角形

□ 正九角形の 1 つの外角の大きさは？

❂ $360° \div 9 = 40°$

40°

□ 1 つの外角の大きさが 60° である正多角形は正何角形？

❂ $360° \div 60° = 6$

正六角形

次の図で，角の大きさを求めよう。

□ 右の図の $\angle x$

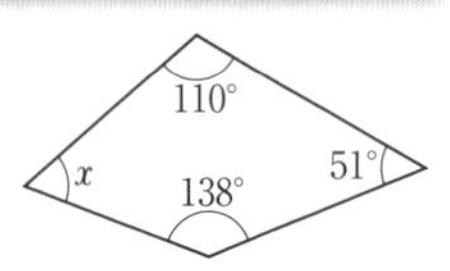

❂ 四角形の内角の和は 360° だから，
$360° - (110° + 138° + 51°)$
$= 61°$

61°

□ 右の図の $\angle x$

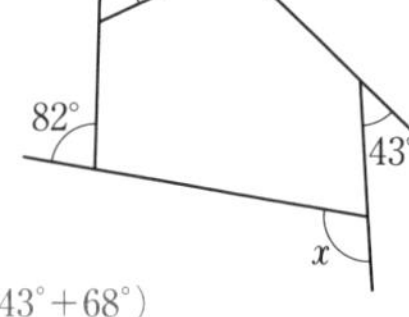

❂ 多角形の外角の和は 360° だから，
$360° - (64° + 82° + 43° + 68°)$
$= 103°$

103°

次の問いに答えよう。

□ 下の 2 つの三角形が合同であることを記号 ≡ を使って表すと？

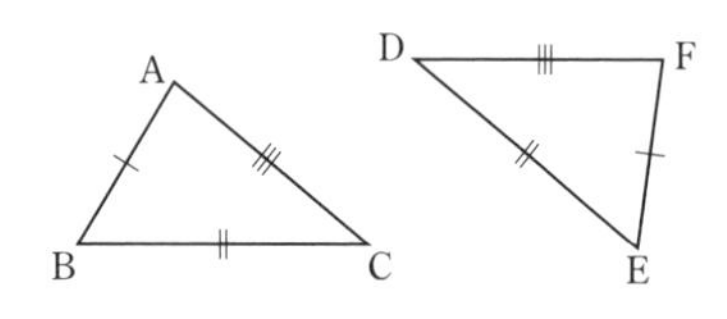

❂ 対応する頂点を周にそって順に並べて書く。

△ABC≡△FED

◎ 攻略のポイント

合同な図形の性質

合同な図形では，対応する線分の長さや角の大きさはそれぞれ等しい。

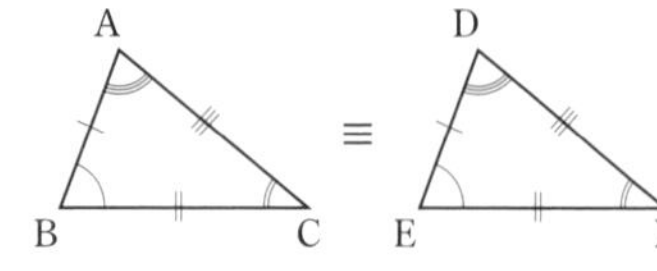

右の図で，AB＝DE，BC＝EF，CA＝FD，∠A＝∠D，∠B＝∠E，∠C＝∠F

4章　図形の性質と合同

教科書 p.124～p.137

次の問いに答えよう。

□ 三角形の合同条件は？

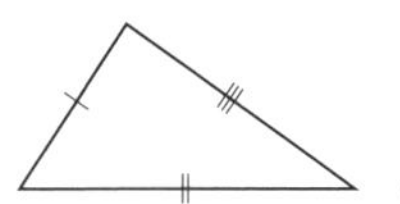
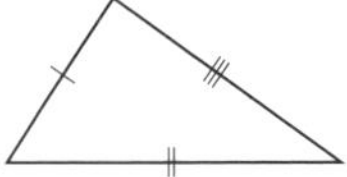

3 組の辺がそれぞれ等しい。

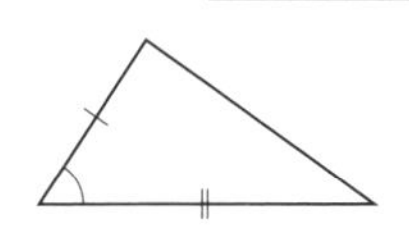

2 組の辺とその間の角が

それぞれ等しい。

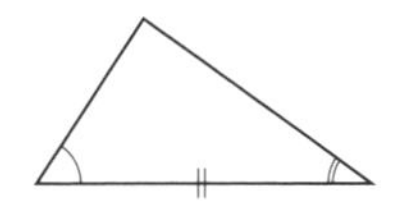
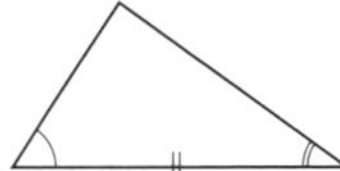

1 組の辺とその両端の角が

それぞれ等しい。

□「○○○ ならば△△△」という形の文で，○○○の部分を何という？

仮定

□「○○○ ならば△△△」という形の文で，△△△の部分を何という？

結論

次の図で，合同な三角形を答えよう。

□ 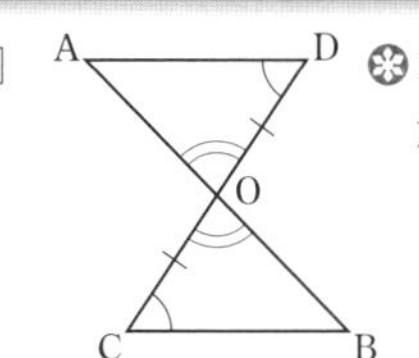

✽1 組の辺とその両端の角がそれぞれ等しい。

△AOD≡△BOC

□ 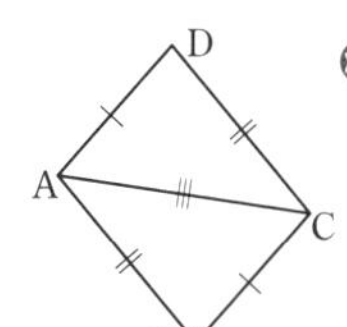

✽3 組の辺がそれぞれ等しい。

△ABC≡△CDA

□ 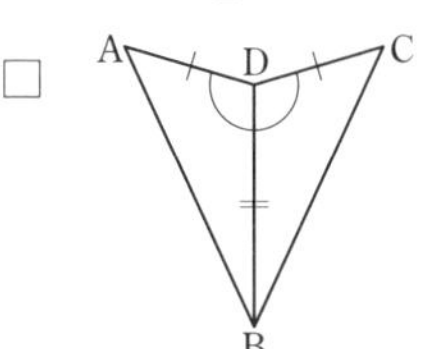

✽2 組の辺とその間の角がそれぞれ等しい。

△ABD≡△CBD

次のことがらの仮定と結論を答えよう。

□ △ABC≡△DEF ならば ∠C＝∠F

✽「ならば」の前が仮定，あとが結論。

仮定　△ABC≡△DEF

結論　∠C＝∠F

□ x が 12 の倍数ならば x は 6 の倍数。

仮定　x が 12 の倍数

結論　x は 6 の倍数

◎ 攻略のポイント

合同な三角形の見つけ方

対頂角が等しいことに注目する。

共通な辺や角が等しいことに注目する。

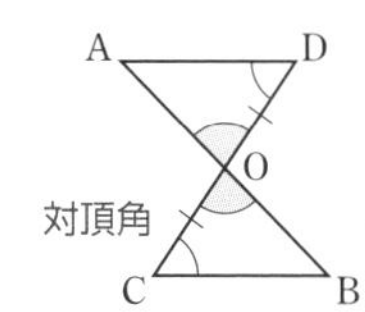

共通な辺

5章　三角形と四角形

教科書 p.139~p.149

次の定義や定理を答えよう。

□ 二等辺三角形の定義。

2 辺が等しい三角形。

□ 二等辺三角形の性質。(2 つ)

1 2 つの底角は等しい。

2 頂角の二等分線は，底辺を垂直に 2 等分する。

□ 正三角形の定義と性質。

定義 3 辺が等しい三角形。

性質 3 つの角は等しい。

□ 二等辺三角形になるための条件。

2 つの角が等しい。

次の二等辺三角形で，角の大きさを求めよう。

□ 右の図の $\angle x$

❄ $(180^\circ - 72^\circ) \div 2 = 54^\circ$

54°

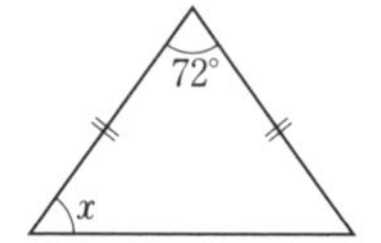

□ 右の図の $\angle x$

❄ $180^\circ - 72^\circ \times 2 = 36^\circ$

36°

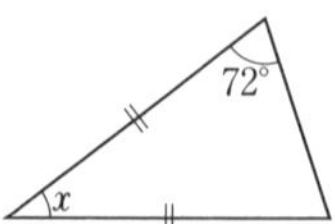

次の問いに答えよう。

□ 直角三角形の合同条件は？

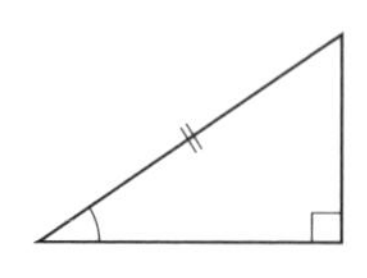

斜辺と 1 つの鋭角がそれぞれ等しい。

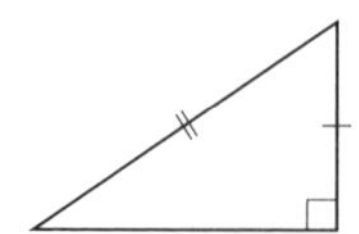

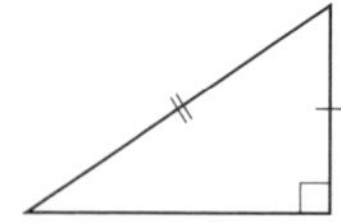

斜辺と他の 1 辺がそれぞれ等しい。

次の図で，合同な三角形を答えよう。

□

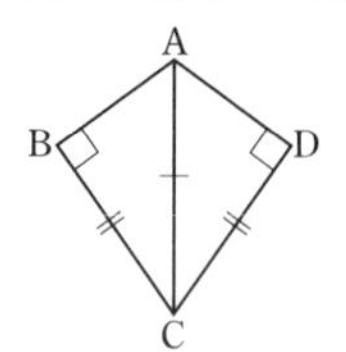

❄ 直角三角形の斜辺と他の 1 辺がそれぞれ等しい。

$\triangle ABC \equiv \triangle ADC$

□

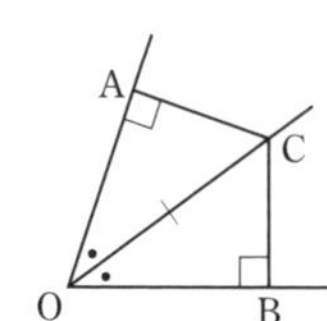

❄ 直角三角形の斜辺と 1 つの鋭角がそれぞれ等しい。

$\triangle AOC \equiv \triangle BOC$

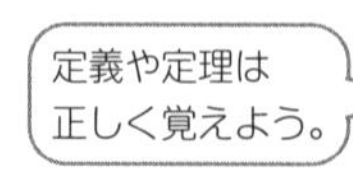

◎ 攻略のポイント

二等辺三角形の角や辺

二等辺三角形において，等しい辺の間の角を**頂角**，頂角に対する辺を**底辺**，底辺の両端の角を**底角**という。

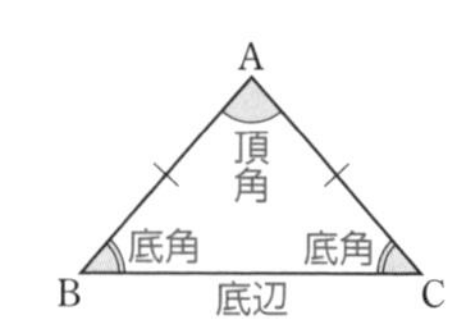

5章　三角形と四角形

教科書 p.150~p.156

次のことばを答えよう。

□ あることがらの仮定と結論を入れかえたもの。　逆

□ あることがらが正しくないことを示す例。　反例

次のことがらの逆を答え，それが正しいかどうか答えよう。

□ 2直線が平行ならば錯角は等しい。

錯角が等しいならば，2直線は平行。

正しい

□ 2直線が平行ならば同位角は等しい。

同位角が等しいならば，2直線は平行。

正しい

□ $x \geqq 12$ ならば $x>6$ ✽反例は $x=7$

$x>6$ ならば $x \geqq 12$

正しくない

正しいことがらの逆がいつでも正しいとは限らないよ。

次の定義や定理を答えよう。

□ 平行四辺形の定義。

2組の対辺がそれぞれ平行な四角形。

□ 平行四辺形の性質。(3つ)

1 2組の対辺はそれぞれ等しい。

2 2組の対角はそれぞれ等しい。

3 対角線はそれぞれの中点で交わる。

次の▱ABCDで，x，yの値を求めよう。

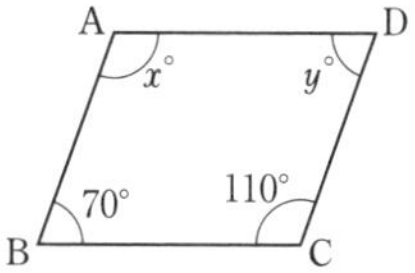

□ 右の図の x

✽対角は等しい。

110

□ 右の図の y

70

□ 右の図の x

✽対辺は等しい。

5

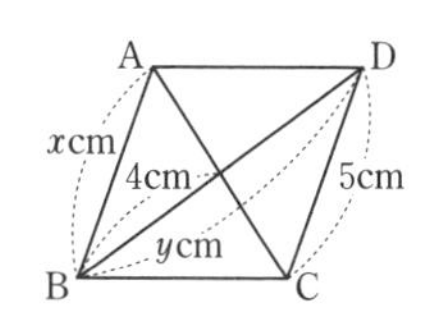

□ 右の図の y

✽4×2

8

◎ 攻略のポイント

斜辺，対辺，対角

直角三角形の直角に対する辺が**斜辺**，

四角形の向かい合う辺が**対辺**，

四角形の向かい合う角が**対角**である。

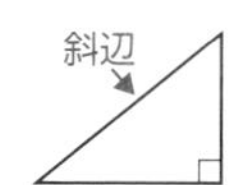

5章　三角形と四角形

教科書 p.157~p.169

次の定義や定理を答えよう。

□ 平行四辺形になるための条件。(5つ)

定義 2組の対辺がそれぞれ平行である。

1 2組の対辺がそれぞれ等しい。

2 2組の対角がそれぞれ等しい。

3 対角線がそれぞれの中点で交わる。

4 1組の対辺が平行でその長さが等しい。

□ 長方形の定義。

4つの角が等しい四角形。

□ ひし形の定義。

4つの辺が等しい四角形。

□ 正方形の定義。

4つの角が等しく，

4つの辺が等しい四角形。

□ 長方形の対角線の性質。

長方形の対角線の長さは等しい。

□ ひし形の対角線の性質。

ひし形の対角線は垂直に交わる。

四角形ABCDは平行四辺形になるか答えよう。

□ AB//DC，AD＝BC

✽台形になる場合がある。　ならない

□ AD＝BC，AB＝DC

✽2組の対辺がそれぞれ等しい。

なる

□ ∠A＝∠C，∠B＝∠D

✽2組の対角がそれぞれ等しい。

なる

次の問いに答えよう。

□ 下の図で，四角形ABCDと面積が等しい△ABEをつくるには？

✽1 対角線ACをひく。
2 頂点Dを通り，ACに平行な直線をひき，BCの延長との交点をEとする。
3 点Aと点Eを結ぶ。

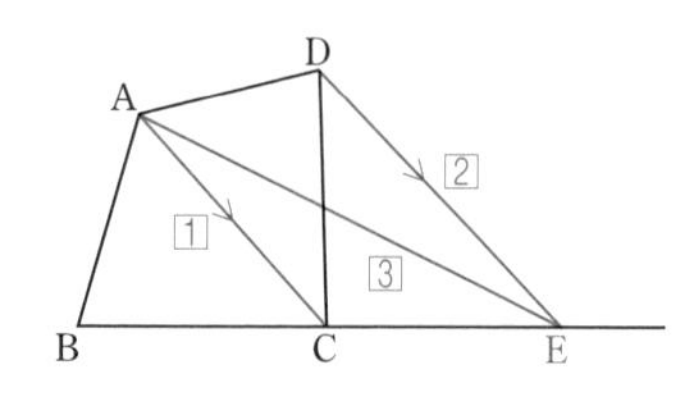

◎ 攻略のポイント

平行四辺形になるための条件

平行四辺形になるための条件を図で表すと，右のようになる。

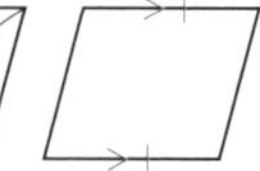

6章　データの活用

教科書 p.171~p.185

次のことばを答えよう。

□ データを値の大きさの順に並べて4等分する位置にくる値。

四分位数

□ 中央値になる四分位数。

第2四分位数

□ データを値の大きさの順に並べて2等分したうちの，小さい方のデータの中央値。　第1四分位数

□ データを値の大きさの順に並べて2等分したうちの，大きい方のデータの中央値。　第3四分位数

□ 第3四分位数から第1四分位数をひいた差。　四分位範囲

データが下のとき，次の数を答えよう。
1, 9, 12, 16, 18, 20, 29, 33

□ 第2四分位数
❈ (16+18)÷2　　17

□ 第1四分位数
❈ (9+12)÷2　　10.5

データが下のとき，次の数を答えよう。
3, 6, 9, 12, 16, 18, 23, 24, 27, 38

□ 第2四分位数（中央値）
❈ (16+18)÷2　　17

□ 第1四分位数

9

□ 第3四分位数

24

下の箱ひげ図をみて，次の数を答えよう。

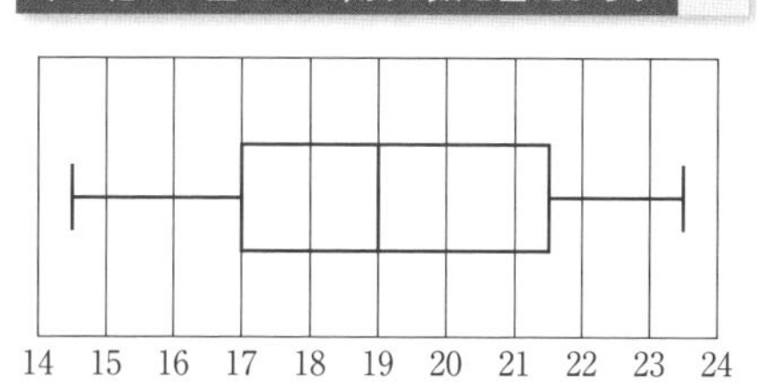

□ 第2四分位数（中央値）

19

□ 第1四分位数

17

□ 第3四分位数

21.5

◎ 攻略のポイント

箱ひげ図

箱ひげ図をかくと，複数のデータの散らばりの程度が比べやすくなる。「ひげ」の長さはデータの散らばりの程度を表し，「箱」は中央値のまわりのデータの集中のようすを表す。

7章　確率

教科書 p.187~p.198

次の問いに答えよう。

□ どの場合が起こることも同じ程度に期待できることを何という？

同様に確からしい

□ 起こりうるすべての場合が n 通りあり，そのうち，ことがらAの起こる場合が a 通りあるとき，Aの起こる確率 p は？

$p=\frac{a}{n}$

□ 確率 p の値の範囲は？

$0 \leqq p \leqq 1$

□ 1個のさいころを投げるとき，3の目が出る確率は？

$\frac{1}{6}$

□ あるさいころを120回投げると，1の目はいつも20回出る。これは正しい？

正しくない

次の確率を，樹形図を使って求めよう。

□ 2枚のコインを同時に投げるとき，2枚とも裏になる確率は？

2枚のコインをA，Bとすると，

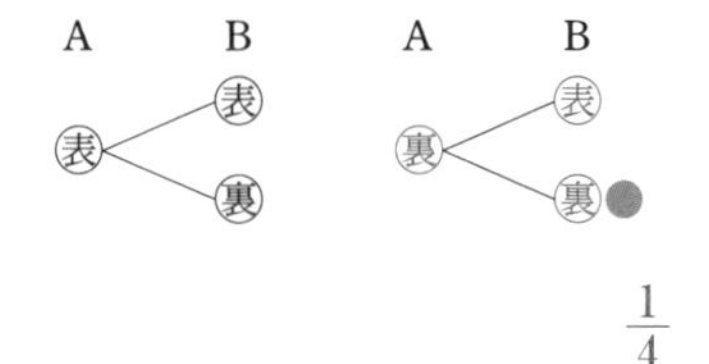

$\frac{1}{4}$

□ A，Bの2人がじゃんけんを1回するとき，Bが勝つ確率は？

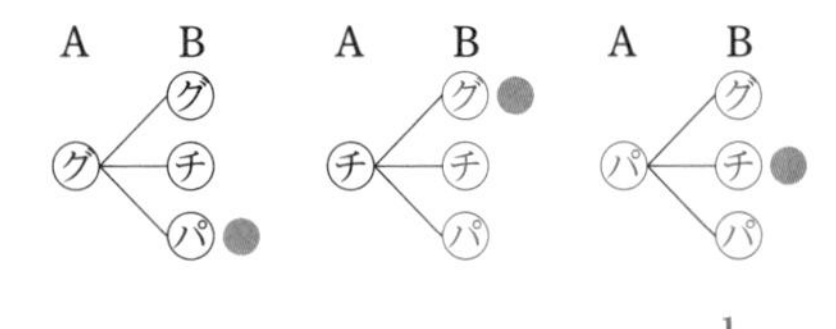

✽ $\frac{3}{9}=\frac{1}{3}$

$\frac{1}{3}$

□ A, B, C, Dの4人の中から，2人の係を選ぶとき，Bが選ばれる確率は？

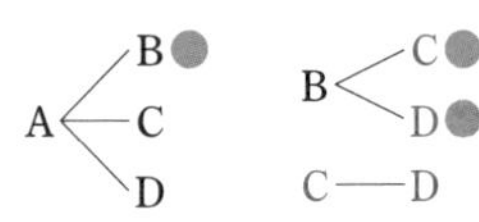

✽ A－B，B－Aは同じものとして考える。$\frac{3}{6}=\frac{1}{2}$

$\frac{1}{2}$

◎ 攻略のポイント

確率の求め方のくふう

順番が関係ない場合の樹形図では，A－B，B－Aなどの組み合わせは同じものと考えて整理する。

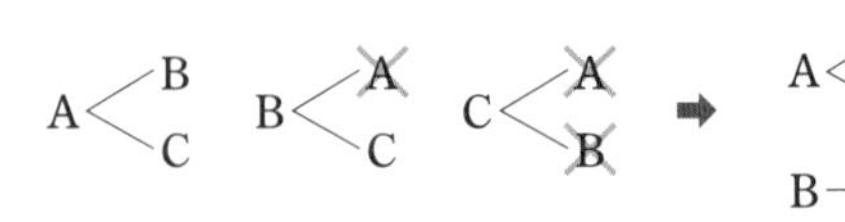

7章　確率

p.57　テスト対策問題

1 (1) **6通り**　(2) **いえる**　(3) **3通り**

(4) $\frac{1}{2}$　(5) $\frac{1}{2}$　(6) $\frac{1}{2}$

(7) $\frac{1}{2}$

2 (1) $\frac{1}{4}$　(2) $\frac{1}{2}$

解説

1 (1)　1から6までの6通りある。

(3)　1，3，5の3通りある。

(5)　1，2，3の3通りだから，$\frac{3}{6}=\frac{1}{2}$

(6)　4の約数は1，2，4の3通りだから，

$\frac{3}{6}=\frac{1}{2}$

(7)　$1-\frac{1}{2}=\frac{1}{2}$

2　100円硬貨と10円硬貨の表と裏の出方を樹形図にかくと，次のようになる。

100円　10円

表 ─ 表　(表，表)
　　└ 裏　(表，裏)

裏 ─ 表　(裏，表)
　　└ 裏　(裏，裏)

表と裏の出方は全部で4通りある。

(2)　表になった硬貨の金額の合計が100円以上になる場合は

〔表，表〕→110円，〔表，裏〕→100円の2通りあるから，求める確率は $\frac{2}{4}=\frac{1}{2}$

p.58　予想問題 ❶

1 (1) **20通り，いえる。**

(2) $\frac{1}{2}$　(3) $\frac{3}{10}$　(4) $\frac{3}{10}$

2 (1) $\frac{1}{4}$　(2) $\frac{1}{13}$　(3) $\frac{3}{52}$

(4) **0**　(5) $\frac{10}{13}$　(6) $\frac{49}{52}$

解説

1 (3)　3の倍数は3，6，9，12，15，18が書かれた6枚のカードを引いたときである。

(4)　20の約数は1，2，4，5，10，20が書かれた6枚のカードを引いたときである。

2 (4)　18のカードはないから，

求める確率は $\frac{0}{52}=0$

p.59　予想問題 ❷

1 (1) $\frac{5}{12}$　(2) $\frac{3}{4}$　(3) **1**

(4) $\frac{2}{3}$

2 (1) $\frac{1}{3}$　(2) $\frac{1}{3}$

3 (1) **12通り**

(2) $\frac{2}{3}$　(3) $\frac{1}{12}$　(4) $\frac{5}{6}$

解説

2　2人の手の出し方を樹形図にかくと，

A　B　　A　B　　A　B

グ ─ グ，チ，パ　　チ ─ グ，チ，パ　　パ ─ グ，チ，パ

となり，全部で9通りある。

3 (1)　樹形図にかくと，班長と副班長の選び方は，全部で12通りある。

(2)　班長が男子で副班長が女子の場合と，班長が女子で副班長が男子の場合を考える。全部で8通りある。

(4)　男子だけが選ばれる確率は $\frac{2}{12}=\frac{1}{6}$

よって，少なくとも一方が女子である確率は

$1-\frac{1}{6}=\frac{5}{6}$

p.61　テスト対策問題

1 (1)

A＼B	1	2	3	4	5	6
1	2	3	4	5	6	7
2	3	4	5	6	7	8
3	4	5	6	7	8	9
4	5	6	7	8	9	10
5	6	7	8	9	10	11
6	7	8	9	10	11	12

(2) $\frac{1}{9}$　(3) $\frac{1}{4}$　(4) $\frac{1}{2}$

(5) $\frac{5}{18}$

2 (1) **10 通り**

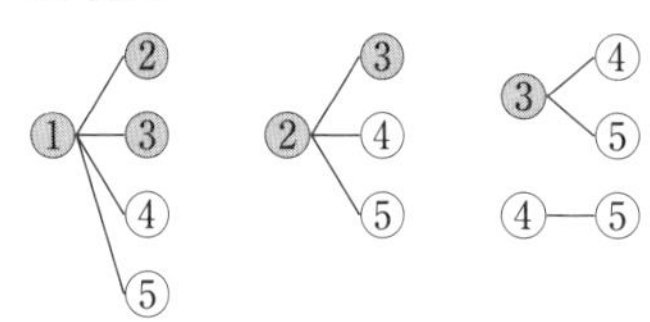

(2) $\frac{3}{10}$　(3) $\frac{3}{5}$　(4) $\frac{9}{10}$

解説

2 **ポイント** 順番が関係ない選び方であることに注意する。解答のように枝分かれが減っていく樹形図になる。

(2) 2個とも赤玉であるのは
①—②，①—③，②—③の3通りある。

(3) 赤玉と白玉が1個ずつであるのは
①—④，①—⑤，②—④，②—⑤，③—④，③—⑤の6通りある。

(4) 少なくとも1個は赤玉が出る確率は
1−(2個とも白玉が出る確率)で求められる。

p.62 予想問題 ❶

1 (1) **36 通り**　(2) $\frac{1}{6}$　(3) $\frac{5}{36}$

(4) $\frac{1}{12}$　(5) $\frac{1}{4}$

2 (1) **15 通り**

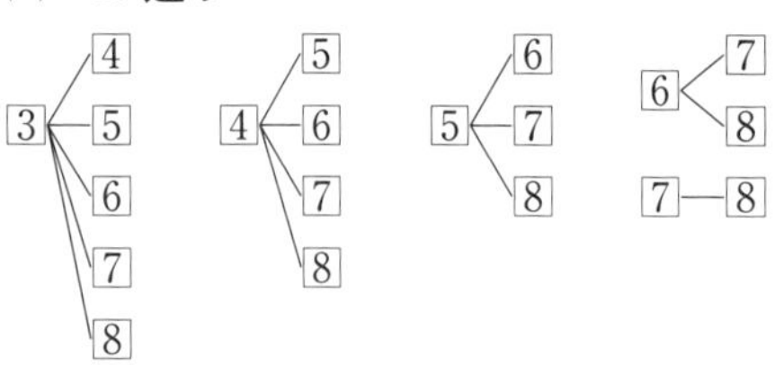

(2) $\frac{2}{15}$　(3) $\frac{3}{5}$

3 $\frac{2}{5}$

解説

1 表の空らんをうめてから考える。

2 (3) 1枚は偶数，1枚は奇数であるのは
[3]—[4]，[3]—[6]，[3]—[8]，[4]—[5]，[4]—[7]，[5]—[6]，[5]—[8]，[6]—[7]，[7]—[8]の9通りの組み合わせがある。

3 2人の組み合わせはA—B，A—C，A—D，A—E，B—C，B—D，B—E，C—D，C—E，D—Eの10通りある。

p.63 予想問題 ❷

1 (1) $\frac{1}{18}$　(2) $\frac{7}{18}$

2 $\frac{1}{6}$

3 (1) **20 通り**

(2) ① $\frac{2}{5}$

② $\frac{2}{5}$

(3) **同じ**

A B A B A B

[1]—[2], ③, ④, ⑤
[2]—[1], ③, ④, ⑤
③—[1], [2], ④, ⑤
④—[1], [2], ③, ⑤
⑤—[1], [2], ③, ④

解説

1 右のような表をつくって考える。

a＼b	1	2	3	4	5	6
1	△					
2	△	△				
3	△		△			
4	△	△		△	○	
5	△			○	△	
6	△	△	△			△

(1) $a \times b = 20$ になるのは，○をつけた2通りある。

(2) $\frac{a}{b}$ が整数になるのは，△をつけた14通りある。

2 ペアの組み合わせは(A，D)，(A，E)，(B，D)，(B，E)，(C，D)，(C，E)の6通りある。

3 (3) くじを引くとき，先に引くのとあとに引くのとで，当たりやすさは変わらない。

p.64 章末予想問題

1 **いえない**

2 (1) **20 通り**　(2) $\frac{2}{5}$　(3) $\frac{1}{5}$

(4) $\frac{3}{5}$

3 (1) $\frac{2}{5}$　(2) $\frac{3}{10}$　(3) $\frac{3}{5}$

(4) $\frac{2}{5}$

解説

3 白玉を①，②，③，赤玉を[4]，[5]として，取り出した玉の組み合わせを書き出すと①—②，①—③，①—[4]，①—[5]，②—③，②—[4]，②—[5]，③—[4]，③—[5]，[4]—[5]の10通りある。

6 5 4 3 2
D C B A